精选健康

JINGXUAN JIANKANG SIJI ZIBUCAN

四季滋补餐1188

谢　进◎编著

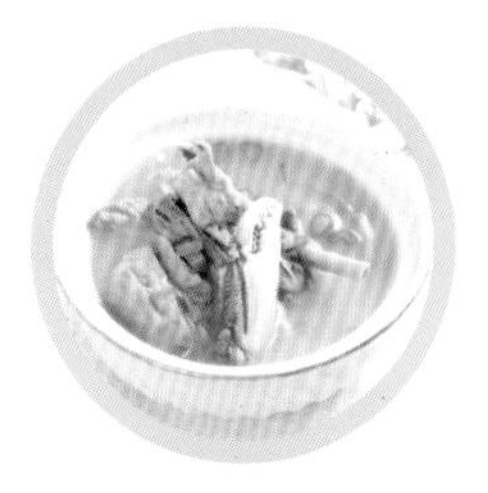

中国人口出版社
China Population Publishing House
全国百佳出版单位

目录 Contents

PART 1

春季护肝菜

PART 2

夏季养心菜

PART 3

秋季润肺菜

PART 4

冬季补肾菜

春季护肝菜

春季肝胆旺盛，要多吃一些自然界中破土而出具有生机的作物，如蔬菜和水果等，尽量不要吃大棚里面反季节的食物。

菠菜、芹菜、小白菜、油菜、竹笋，带叶子的绿色菜都是补肝的，香蕉、山楂、荸荠等，还有海带、绿豆、蜂蜜，水里面养殖的鱼类等食物对肝脏都是很有利的。

多食各种豆类特别是赤小豆、刀豆，还有青菜如胡萝卜、莲藕、香菇等，还有大枣、动物肝、瘦肉、猪心、猪腰、甲鱼、花生衣等。还可以多吃一些鸡蛋、土豆、莴笋、芥菜、茼蒿、薏米等。不要喝咖啡，不宜喝啤酒，不宜吃辛辣食物和肥肉、海鱼、虾、蟹等。

食用的食物都要加热，最好是煮、炒、炖，不要多吃凉拌菜。

菠菜沙拉

主料 菠菜150克，番茄100克，猪腿肉、海蜇各50克。

调料 淀粉、姜汁、酱油、香油、姜汁、橄榄油、糖、醋、盐、食用油各适量。

做法

1. 猪腿肉切条，用酱油、淀粉、姜汁拌匀腌制20分钟；番茄切片；菠菜切段，入锅焯烫片刻，捞出沥干；海蜇洗净，入锅汆烫后捞出。
2. 锅中倒油烧热，放入猪腿肉煎熟，捞出沥油。
3. 将番茄平铺在盘子内，在菠菜的上面盛上猪腿肉，中间用海蜇装饰。
4. 将调料搅拌均匀，淋在蔬菜盘中即可。

营养小典：蔬菜中铁的吸收率较低，因此要配合肉类一起食用，人体才能更好地吸收铁。

菠菜炒鸡蛋

主料 菠菜300克，鸡蛋2个。

调料 葱末、姜末、精盐、料酒、鸡精、香油、食用油各适量。

做法

1. 菠菜洗净，切段，放入沸水锅焯烫一下，捞出凉凉；鸡蛋磕入碗中，加少许精盐打散。
2. 炒锅置旺火上，倒油烧热，倒入鸡蛋炒熟，盛出。
3. 锅留底油烧热，放入葱姜末爆香，烹入料酒，加入菠菜、精盐，翻炒片刻，放入鸡蛋，翻炒均匀，加鸡精、香油炒匀即可。

营养小典：菠菜中含铁量颇高，是补血、润肠的养颜食品。

虾皮炒菠菜

主料 菠菜300克，虾皮10克。

调料 葱花、盐、食用油各适量。

做法

1. 菠菜洗净，切段，放入沸水锅焯烫片刻，捞出沥干；虾皮用温水稍泡，洗净。
2. 锅中倒油烧热，放入葱花及虾皮略煸炒，放入菠菜，一同煸炒片刻，放入盐炒匀即可。

营养小典：菠菜烹熟后软滑易消化，特别适合脾胃虚弱的人食用。

脆香菠菜

主料 菠菜200克，脆皮糊150克。

调料 椒盐、食用油各适量。

做法

1. 菠菜洗净后沥干水分，放入脆皮糊中，加椒盐拌匀。
2. 锅中倒油烧至八成热，将裹匀脆皮糊的菠菜逐根放入油锅中炸熟即可。

做法支招：脆皮糊做法多样，简单的做法是面粉、淀粉以2：1的比例放入碗中，加入少许泡打粉、盐、食用油，加入适量水，搅拌均匀即可。水要慢慢加，泡打粉可以在大型超市、西餐用品店或网店购得。

五彩菠菜

主料 鸡蛋3个，菠菜、火腿50克，冬笋、水发木耳各50克。

调料 香油、盐、味精各适量。

做法

1. 菠菜洗净，放入沸水锅稍烫片刻，捞入挤去水分，切丁；冬笋洗净，切丁，入锅煮熟，捞出沥干；木耳清洗干净，切丁；火腿切丁。
2. 鸡蛋磕入碗中打散，加精盐、味精和适量水搅匀，加入菠菜、火腿、冬笋、木耳搅拌均匀，放入蒸锅蒸15分钟，盛出，淋香油即可。

做法支招：搅匀鸡蛋时最好用温开水，这样蒸出的蛋羹会更滑嫩，没有气孔。

菠菜鸭血豆腐汤

主料 菠菜100克，鸭血、嫩豆腐各50克，枸杞子5克。

调料 高汤、盐、鸡精各适量。

做法

1. 菠菜洗净，切段，放入沸水锅汆烫2分钟，捞出沥干；鸭血和豆腐均切片；枸杞子洗净。
2. 砂锅置火上，倒入高汤，放入鸭血、豆腐、枸杞子，用小火炖30分钟，放入菠菜，再煮2分钟，加盐、鸡精调味即可。

营养小典：三者搭配，既能提供充足的营养，又能帮助人体排污。

苹果蔬菜浓汤

主料 菠菜300克，苹果、菜花各50克，胡萝卜20克，牛奶适量。

调料 香菜段、盐、胡椒粉各适量。

做法

1. 胡萝卜去皮洗净，切丁；菜花洗净切小朵。
2. 菠菜洗净，切段，苹果去皮，切丁，一同放入果汁机中，加牛奶搅打成汁。
3. 锅中倒入打好的果蔬汁，加入适量水搅匀，放入菜花，胡萝卜丁、盐、胡椒粉煮至滚沸，点缀香菜段即可。

营养小典：菠菜是最佳护肝蔬菜。

菠菜挂面

主料 挂面100克，熟猪肝、菠菜各25克，鸡蛋黄2个。

调料 盐、香油、骨汤各适量。

做法

1. 熟猪肝切丁；菠菜洗净，切段，用开水焯烫片刻，捞出沥干；鸡蛋黄搅散。
2. 锅中倒入骨汤，加入挂面、盐一起煮，煮至挂面熟，加入猪肝丁、菠菜稍煮，倒入鸡蛋黄，加香油调味即可。

营养小典：此面含有丰富的蛋白质、糖类、钙、磷、铁、锌及维生素A、维生素B_1、维生素B_2、维生素C、维生素D、维生素E和尼克酸等多种营养素。

菠菜粥

主料 大米100克，菠菜50克。

调料 盐适量。

做法

1. 大米淘洗干净；菠菜洗净，切段，放入沸水锅焯烫片刻，捞出沥干。
2. 锅中倒入适量水，放入大米煮至熟烂，加入菠菜、盐，再煮5分钟即可。

营养小典：菠菜富含铁元素，煮成粥后更利于人体吸收。

香芹炒鸡蛋

主料 香芹200克，鸡蛋2个。

调料 葱花3克，盐、味精、食用油各适量。

做法

1. 鸡蛋磕入碗中打散；香芹切段。
2. 锅中倒油烧热，放入鸡蛋液炒成蛋块，盛出。
3. 原锅倒油烧热，放入葱花爆香，加入香芹翻炒片刻，放入鸡蛋块炒匀，调入盐、味精，炒匀出锅即可。

营养小典：芹菜性凉质滑，故脾胃虚寒、肠滑不固者应少食。

西芹炒草菇

主料 芹菜、草菇各150克。

调料 蒜末、盐、食用油各适量。

做法

1. 芹菜洗净，切段；草菇洗净焯水，切两半。
2. 锅中倒油烧热，放蒜末爆香，放入芹菜、草菇翻炒片刻，倒入少许水略焖片刻，加盐调味即可。

营养小典：草菇的维生素C含量高，能促进人体新陈代谢，提高机体免疫力，增强抗病能力。

芹菜炒香菇

主料 芹菜200克，干香菇50克。

调料 淀粉、酱油、醋、鸡精、盐、食用油各适量。

做法

1. 芹菜洗净，切段；干香菇用温水泡发，洗净切片。
2. 盐、醋、鸡精、淀粉放入小碗中，加少许水，兑成芡汁。
3. 锅中倒油烧热，放入芹菜煸炒3分钟，加入香菇翻炒均匀，倒入酱油，淋上芡汁，大火翻炒至调料均匀地粘在香菇和芹菜上即可。

做法支招：干香菇泡发后应该在流动的水里冲洗干净，避免残留泥沙。

干煸牛肉丝

主料 牛里脊肉250克，芹菜100克。

调料 姜丝、干椒段、花椒粉、香油、盐、食用油各适量。

做法

1. 牛里脊肉洗净，入沸水中略煮，捞出沥干，切丝；芹菜去老筋，洗净，切段。
2. 炒锅倒油烧热，放入牛肉丝干煸至肉丝水分干，加入干椒段、芹菜、姜丝翻炒均匀，调入香油、盐、花椒粉煸炒至入味即可。

营养小典：芹菜中的膳食纤维比较多，经常便秘的人可以多食用。

芹菜草莓粥

主料 大米100克，芹菜、草莓各25克。

做法

1. 大米淘洗干净；草莓洗净，切片；芹菜洗净，切丁。
2. 锅中倒入适量水，放入大米，大火煮沸，改小火煮30分钟，放入芹菜、草莓，煮至粥稠即可。

营养小典：芹菜富含多种营养素，能降血脂，还具有促进肠胃蠕动的功效。

蟹黄白菜

主料 白菜心200克，熟咸蛋黄3个，红椒5克。

调料 盐、鸡精、水淀粉、姜末、鲜汤、食用油各适量。

做法

1. 熟咸蛋黄压成蓉；红椒洗净，切粒；白菜心洗净，切大块。
2. 锅中倒油烧热，放入白菜心翻炒片刻，加盐、鸡精炒匀，倒入鲜汤稍焖一下，盛出装大碗。
3. 净锅倒油烧热，放入姜末，放入咸蛋黄泥拌炒均匀，加入鲜汤，大火烧开，用水淀粉勾芡，出锅浇在白菜心上，撒上红椒粒即可。

做法支招：咸蛋黄已有一定咸度，因此盐要少放。

肉末豆花

主料 豆花100克，肉末、小白菜各50克。

调料 盐、鸡精各适量。

做法

1. 小白菜洗净切丝；豆花放入沸水蒸锅蒸5分钟。
2. 锅中倒水烧沸，放入肉末、小白菜煮熟，放入豆花煮5分钟，加盐、鸡精调味即可。

营养小典：豆花是中国传统的风味小食，以其香、嫩、滑著称，豆花营养丰富，有“植物肉”之称。

鸡汤豆腐小白菜

主料 豆腐、鸡肉各100克，小白菜50克。

调料 姜丝、鸡汤、盐、鸡精各适量。

做法

1. 豆腐洗净，切块，放入沸水锅焯烫片刻，捞起沥干；鸡肉洗净，切块，放入沸水锅氽烫片刻，捞出沥干；小白菜洗净，切段。
2. 锅置火上，倒入鸡汤，放入鸡肉，加适量盐、清水同煮，煮至鸡肉熟，放入豆腐、小白菜、姜丝，煮开后加鸡精调味即可。

做法支招：豆腐最好选用卤水豆腐。

砂锅冻豆腐

主料 冻豆腐150克，五花肉50克，香菇、番茄、小白菜各50克。

调料 葱段、姜片、盐、酱油、鸡精、高汤、食用油各适量。

做法

1. 冻豆腐切片；小白菜洗净切段；香菇、番茄、五花肉均洗净，切片。
2. 锅中倒油烧热，放入五花肉煸炒至出油，放入葱段、姜片爆香，加入高汤烧沸，放香菇、番茄、冻豆腐，小火炖至入味，加小白菜，用盐、酱油、鸡精调味即可。

做法支招：小白菜焯水后应立即冲凉，这样才能保持鲜绿。

红烧玉子豆腐

主料 玉子豆腐200克，胡萝卜、油菜各50克，香菇20克。

调料 蚝油、香油、酱油、食用油各适量。

做法

1. 香菇洗净，切片；豆腐切块，过油略炸；胡萝卜去皮洗净，切片；油菜切段。
2. 热锅倒油烧热，放入香菇爆香，加入胡萝卜炒匀，加入豆腐、蚝油、酱油、香油和少许水煮约1分钟，放入油菜段炒匀即可。

做法支招：豆腐也可以用淀粉裹匀再炸，这样会更好炸。

油菜豆腐泡

主料 油菜、豆腐泡各200克。

调料 精盐、鸡精、蚝油、葱姜末、白糖、生抽、食用油各适量。

做法

1. 油菜洗净，放入沸水锅焯至断生，捞出沥干；豆腐泡放入沸水锅焯烫片刻，捞出沥干。
2. 炒锅倒油烧热，放入葱姜末爆香，加入豆腐泡、油菜翻炒均匀，加入精盐、鸡精、蚝油、白糖、生抽调味炒匀即可。

做法支招：注意炒的时间不要过长，免得油菜太蔫不好吃。

蟹棒小油菜

主料 蟹肉棒200克、油菜150克。

调料 葱姜末、盐、水淀粉、食用油各适量。

做法

1. 蟹肉棒切块；油菜洗净，切段，用沸水焯烫片刻，捞出沥水。
2. 锅中倒油烧热，放入葱姜末爆香，加蟹肉棒煸炒片刻，放入油菜段炒至熟，加盐调味，用水淀粉勾芡即可。

营养小典：油菜含有大量胡萝卜素和维生素C，有助于增强机体免疫力。

油菜酸奶

主料 油菜叶150克，牛奶、酸奶各100克。

做法

1. 油菜叶洗净，入锅烫熟，捞出沥干。
2. 牛奶、酸奶搅拌均匀，放入油菜叶搅匀即可。

营养小典：油菜所含钙量在绿叶蔬菜中为最高。

油菜炒猪肝

主料 猪肝、油菜各200克。

调料 姜末、蒜片、酱油、料酒、盐、白糖、淀粉、香油、食用油各少许。

做法

1. 猪肝洗净，剔除筋膜，切片，用淀粉拌匀上浆，放入五六成热油锅滑油后捞出；油菜洗净。
2. 蒜片、姜末、酱油、料酒、盐、白糖、淀粉同放碗中，加适量水，调成芡汁。
3. 锅中倒油烧热，放入猪肝片、油菜炒熟，倒入芡汁翻炒均匀，淋香油即可。

做法支招：此菜制作关键是猪肝滑油，油太热猪肝易炸硬，油凉猪肝易脱糊，炸得不利索，因此一定要掌握好油的温度。

肉肠油菜

主料 肉肠100克，油菜300克。

调料 葱花、姜末、盐、酱油、食用油各适量。

做法

1. 肉肠斜切成薄片；油菜洗净，切段，梗和叶分置。
2. 锅中倒油烧热，放入葱花、姜末煸香，放入油菜梗煸炒片刻，加入油菜叶同炒至半熟，放入香肠，加入酱油、盐。大火炒匀即可。

饮食宜忌：吃剩的熟油菜过夜后就不要再吃，以免造成亚硝酸盐沉积，易引发癌症。

腊肉豆腐小油菜

主料 老豆腐、小油菜、腊肉各100克，蒜苗50克。

调料 豆豉、鸡精、酱油、盐、食用油各适量。

做法

1. 腊肉洗净，上锅蒸15分钟，取出切片。
2. 小油菜、蒜苗均洗净，切段；老豆腐洗净，切成方片。
3. 锅中倒油烧至六成热，放入豆腐煎成金黄色，捞出沥干。
4. 锅留底油烧热，放入腊肉翻炒片刻，加入蒜苗、豆豉、小油菜、豆腐翻炒均匀，加入盐、鸡精、酱油炒匀即可。

做法支招：腊肉的肥肉中本来就有油脂，所以不用放太多的油。

麻辣腰花

主料 猪腰200克，油菜心100克。

调料 葱姜蒜末、干椒段、花椒、酱油、味精、料酒、淀粉、盐、食用油各适量。

做法

1. 猪腰从中间片开，去除中间白色物质，在猪腰表面切十字花刀，再切成条，放入沸水锅汆烫片刻，捞出沥干；油菜心洗净。
2. 葱姜蒜末、酱油、料酒、盐、味精、淀粉同放入碗中，调成味汁。
3. 锅中倒油烧热，放入花椒、干椒段炒香，放入猪腰、油菜心翻炒均匀，倒入味汁炒匀即可。

做法支招：猪腰上面的白色臊腺是猪腰有骚味的原因，所以一定要完全去除干净。

鳜鱼丝油菜

主料 鳜鱼肉、油菜心各250克，鸡蛋清1个。

调料 葱段、姜片、精盐、料酒、味精、胡椒粉、香油、水淀粉、鸡汤、食用油各适量。

做法

1. 油菜心洗净，放入沸水锅焯烫片刻，捞出沥干，摆在盘边。
2. 鳜鱼肉切丝，加料酒、精盐、味精、鸡蛋清、水淀粉抓匀上浆，放入热油锅滑熟，捞出沥油。
3. 锅留底油烧热，放入葱段、姜片炒香，放入油菜心、精盐、鸡汤、料酒、胡椒粉、味精、鱼丝，大火烧片刻，出锅装入油菜心盘中即可。

营养小典：油菜含有膳食纤维，能与食物中的胆固醇及三酰甘油结合，减少人体对脂类的吸收。

鸡架杂菜丝汤

主料 鸡架1个(约500克),油菜、圆白菜各50克。

调料 葱段、姜片、盐、醋、花椒各适量。

做法

1. 鸡架洗净；油菜、圆白菜均洗净，切丝。
2. 锅中倒入适量水，放入鸡架、葱段，姜片、花椒，大火煮沸，撇去上面的油和浮沫，转小火煮30分钟，加入菜丝、盐、醋，煮至再沸即可。

营养小典：该汤营养丰富，可以提高免疫力，促进消化，增强食欲。

美味竹笋尖

主料 竹笋尖250克，红椒20克。

调料 香菜段、精盐、味精、醋、生抽、香油各适量。

做法

① 竹笋尖洗净，切段；红椒去蒂、去子，洗净切丝。

② 锅内倒水烧沸，放入竹笋、红椒丝焯熟，捞起沥干，装盘，加精盐、味精、醋、生抽、香油拌匀，撒上香菜段即可。

做法支招：加入红油，会让此菜更美味。

浏阳脆笋

主料 笋干300克，红椒、芹菜梗各20克。

调料 精盐、味精、醋、生抽各适量。

做法

① 笋干洗净，泡发至回软，切段；红椒洗净，切丝；芹菜梗洗净，切段；上三种原料分别入沸水锅焯熟，捞出沥水。

② 竹笋放盘中，加精盐、味精、醋、生抽拌匀，撒上芹菜梗、红椒即可。

做法支招：干笋用淘米水泡发，味道会更好。

水煮鲜笋

主料 带壳鲜笋500克。

调料 盐、香辣酱各适量。

做法

① 鲜笋洗净，去老根，放入淡盐水锅中煮熟。

② 吃的时候剖开去壳，佐香辣酱食用即可。

营养小典：食用竹笋能促进肠道蠕动，帮助消化，去积食，防便秘，还有预防大肠癌的功效。

水煮闽笋

主料 水发闽笋300克，五花肉50克。

调料 姜丝、葱段、盐、味精、胡椒粉、料酒、鲜汤、食用油各适量。

做法

① 闽笋放入沸水锅焯烫片刻，捞出沥干，切条；五花肉洗净，切丝。

② 锅中倒油烧热，放入五花肉丝炒散至变色，放入闽笋翻炒均匀，烹入料酒，倒入鲜汤，加入盐、味精、胡椒粉、姜丝，小火煮至汤汁乳白，撒葱段即可。

营养小典：闽笋清香味美，含有蛋白质、脂肪、糖、钙、磷、铁等人体所需的营养成分。

手撕酸笋

主料 鲜竹笋300克，红辣椒25克。

调料 蒜末、姜片、味精、盐、食用油各适量。

做法

① 红辣椒洗净，切碎，加蒜末、盐、姜片装坛密封15~30天，制成酸辣椒。

② 鲜竹笋去壳，洗净，切丝，放入沸水锅焯烫片刻，捞出沥干。

③ 锅中倒油烧至八成热，放入蒜末、姜片爆香，倒入竹笋、酸辣椒翻炒均匀，加入盐、味精调味，炒匀即可。

营养小典：竹笋含有丰富的蛋白质、脂肪、糖类、钙、磷、铁、胡萝卜素，以及维生素B_1、维生素B_2、维生素C等营养成分。

辣椒笋衣

主料 干笋衣100克，青椒、红椒各25克。

调料 蒜泥、糖、盐、味精、食用油各适量。

做法

① 干笋衣放入冷水盆中浸泡2小时，洗净沥水，切丝；青椒、红椒均洗净，切丝。

② 锅中倒油烧热，放入蒜泥炒香，投入笋丝翻炒片刻，加盐、糖及适量水焖烧至汤汁收干，加入青椒丝、红椒丝翻炒均匀，调入味精炒匀即可。

营养小典：干笋衣富含纤维素和多种维生素，经常食用可以益胃理气、清热通痰。

雪菜竹笋

主料 罗汉笋200克，雪菜100克。

调料 干辣椒丝、精盐、鲜汤、鸡精、水淀粉、香油、食用油各适量。

做法

1. 罗汉笋洗净，切段，放入沸水锅焯烫片刻，捞出沥干；雪菜洗净，切末，用精盐稍腌片刻，去掉水分。
2. 炒锅点火，倒油烧热，放入干辣椒丝煸香，放入罗汉笋略加煸炒，加入雪菜末、精盐、鲜汤大火烧开，旺火收汁，加鸡精调味，用水淀粉勾芡，淋香油即可。

营养小典：此菜具有清热解毒、利湿化痰的功效，适用于肺热咳嗽、胃热嘈杂等。

素炒三鲜

主料 竹笋250克，雪菜100克，水发香菇50克。

调料 盐、味精、食用油各适量。

做法

1. 竹笋洗净，切丝，放入沸水锅焯烫片刻，捞出沥干；水发香菇切去老蒂，洗净，切丝；雪菜洗净，切末。
2. 锅中倒油烧热，放入竹笋、香菇，煸炒片刻，加少许水，大火煮开，改小火焖煮3分钟，加入雪菜末翻炒均匀，加盐、味精调味即可。

营养小典：竹笋具有清热化痰、益气和胃、治消渴、利水道、利膈爽胃等功效。

黑笋烧牛腩

主料 牛腩、水发黑笋各250克，啤酒100毫升。

调料 姜蒜片、辣豆瓣酱、香叶、八角茴香、鸡精、糖、盐、食用油各适量。

做法

1. 牛腩洗净，放入开水中煮30分钟。捞出，切大块；水发黑笋洗净，切条。
2. 锅中倒油烧至七成热，放入辣豆瓣酱炒香，加入姜蒜片、香叶、八角茴香翻炒至出香，放入牛腩、黑笋翻炒均匀，加入热水，大火煮沸，倒入啤酒、糖、鸡精、盐，改小火炖至汤汁收干即可。

做法支招：烹饪牛肉时放一个山楂、一块橘皮或一点儿茶叶，牛肉更易煮烂。

春笋清粥

主料 大米100克，春笋50克。

调料 葱花、盐、鸡精各适量。

做法

1. 春笋剥去外皮、洗净，切薄片；大米淘洗干净。
2. 锅中倒入适量水，放入大米熬至米粒绽开，放入春笋片、盐、鸡精，搅拌均匀，撒葱花即可。

做法支招：春笋要选择健壮、外壳棕黄、无病斑的。

香蕉薯泥

主料 香蕉300克，土豆100克，草莓25克。

调料 蜂蜜适量。

做法

1. 土豆去皮洗净，放入锅中蒸至熟软，取出压成泥，凉凉；香蕉去皮，切成小块，捣成泥；草莓洗净，压碎。
2. 将香蕉泥与土豆泥混合，搅拌均匀，放上草莓泥，淋蜂蜜即可。

营养小典：这道菜中含有丰富的膳食纤维，能够促进肠胃的蠕动，预防和治疗便秘。

玫瑰香蕉

主料 香蕉300克，玫瑰花瓣、熟芝麻各20克，鸡蛋1个。

调料 面粉、白糖、淀粉、食用油各适量。

做法

1. 香蕉去皮切块；玫瑰花洗净，切丝；鸡蛋磕入碗内，加淀粉拌匀，调成糊。
2. 炒锅倒油烧热，将香蕉块蘸匀面糊，逐块入锅，炸至金黄色时捞出。
3. 锅留底油烧热，放入白糖炒至变色，放入香蕉块翻炒均匀，使糖全部裹在香蕉上，撒上熟芝麻炒匀，盛盘，撒上玫瑰花瓣即可。

饮食宜忌：香蕉要选择成熟的。

香蕉沙拉

主料 香蕉200克，圣女果100克。

调料 沙拉酱适量。

做法

1. 香蕉剥开，切成块；圣女果洗净，切块。
2. 将香蕉、圣女果同放大碗中，倒入沙拉酱拌匀即可。

做法支招：沙拉酱也可用酸奶、蜂蜜来代替。

山楂枸杞汁

主料 山楂15克，枸杞子10克。

做法

1. 山楂洗净，去子，切片；枸杞子洗净。
2. 山楂、枸杞子同放杯子，加入沸水冲泡即可。

营养小典：这道饮品具有开胃消食、活血散瘀、补肾益精、养肝明目、补血安神的功效。

山楂红糖饮

主料 山楂100克。

调料 红糖适量。

做法

1. 山楂洗净，对半切开，去子。
2. 锅中倒入适量水，放入山楂，大火将山楂煮至熟烂，加入红糖稍煮片刻即可。

营养小典：此汤饮能健胃消食，生津止渴，增进食欲。

山楂汁拌黄瓜

主料 嫩黄瓜300克，山楂30克。

调料 白糖、蜂蜜各适量。

做法

1. 嫩黄瓜洗净，去皮，斜刀切块，入沸水中焯透，捞出。
2. 山楂洗净，用纱布包好，加清水后，用中火熬两次，每次15分钟，过滤取汁，合并2次滤汁。
3. 净锅上火，倒入山楂汁，加入白糖，小火熬至糖溶化后，再加入蜂蜜收汁，倒入黄瓜条拌匀，出锅装盘即成。

营养小典：清热解毒，利咽生津，化瘀止痰。

山楂银菊茶

主料 山楂、金银花、菊花各15克。

做法

1. 山楂洗净，去子，切片；金银花、菊花均洗净。
2. 山楂、金银花、菊花一起加入开水中冲泡即可。

做法支招：菊花应选择干净、完整、闻之清香无异味的。

荷叶山楂茶

主料 干荷叶30克，山楂15克。

做法

1. 干荷叶洗净；山楂洗净，切开，去子。
2. 干荷叶、山楂一起水煮20分钟即可。

营养小典：此品可以清毒败火，增强肠胃功能。

山楂包

主料 面粉500克，山楂200克。

调料 白糖适量。

做法

1. 山楂洗净，掰开去子，入锅煮烂，盛出，加白糖和匀，制成山楂酱。
2. 面粉加适量水和成面团，醒发40分钟。
3. 将发酵面团搓条，下剂擀皮，包入山楂酱馅料，上笼蒸熟即可。

营养小典：山楂具有促进消化的功效，所以在胃口不好的时候食用具有促进消化的作用。

韭菜荸荠煎饺

主料 烫面团500克，猪肉馅、韭菜各200克，荸荠100克。

调料 胡椒粉、料酒、香油、生抽、盐、食用油各适量。

做法

1. 荸荠洗净，去皮，切碎；韭菜洗净，切碎。
2. 猪肉馅加入料酒、生抽、胡椒粉、香油、盐搅打至上劲，加入韭菜、荸荠，拌匀制成馅料。
3. 将烫面团搓条，下剂擀皮，包入馅料，制成饺子生坯，上笼蒸熟，取出，凉10分钟，放入热油锅煎至底部金黄即可。

营养小典：荸荠有生津润肺、化痰利肠、通淋利尿、消痈解毒、凉血化湿、消食除胀的功效。

芸豆烧荸荠

主料 荸荠200克，芸豆、红椒各100克。

调料 葱姜汁、水淀粉、盐、料酒、高汤、食用油各适量。

做法

1. 荸荠去皮，洗净，切片；芸豆洗净，切丝；红椒去蒂、去子，洗净切片。
2. 锅中倒油烧热，放入芸豆段炒匀，烹入料酒、葱姜汁，加高汤烧至芸豆将熟，放入荸荠、红椒、盐炒匀至熟，用水淀粉勾芡即可。

做法支招：荸荠是生长在水田里的植物，外皮容易残留病虫、细菌，一定要削皮后才能食用。

海带炒卷心菜

主料 卷心菜200克，海带100克。

调料 蒜片、葱段、干辣椒段、酱油、盐、食用油各适量。

做法

1. 卷心菜洗净，撕成小片；海带切段，入锅蒸熟，盛出。
2. 锅中倒油烧至七成热，放入干辣椒段、蒜片炒香，倒入海带、卷心菜，大火翻炒均匀，加盐、酱油、葱段，炒匀即可。

做法支招：如果鲜海带的表面发黏、颜色暗淡，说明已经不新鲜了，不宜食用。

醋煮海带蔬菜

主料 海带丝100克，莲藕、胡萝卜、魔芋各50克，熟芝麻10克。

调料 素高汤、醋、盐、食用油各适量。

做法

1. 海带丝洗净，放入锅中蒸熟，盛出。
2. 莲藕去皮，切块，放入醋水中浸泡15分钟；胡萝卜去皮，洗净切片；魔芋切片；上述原料同入沸水锅焯烫片刻，捞出沥干。
3. 锅中倒油烧热，放入莲藕、胡萝卜、魔芋煸炒片刻，放入海带丝翻炒均匀，倒入素高汤稍煮，加入盐、醋炒匀，撒熟芝麻即可。

营养小典：海带具有消痰软坚、泄热利水、止咳平喘、去脂降压、散结抗癌的功效。

金针菇海带卷

主料 金针菇、海带各200克，猪肉馅150克。

调料 胡椒粉、盐、味精各适量。

做法

1. 金针菇洗净；猪肉馅加盐、味精、胡椒粉拌匀；海带洗净。
2. 将猪肉馅摊在海带上面，铺上金针菇，把海带卷起，用线捆紧，入蒸锅蒸熟取出，切成段即可。

做法支招：海带应选择颜色翠绿，叶片厚实、坚韧的。

酥海带

主料 鲜海带、五花肉各300克，生菜叶20克。

调料 葱段、姜片、酱油、醋、白糖、香油、味精、料酒、盐、高汤各适量。

做法

1. 鲜海带洗净；五花肉洗净，切厚片，平铺在海带上，卷成海带卷。
2. 将海带卷码入垫有生菜叶的砂锅中，放入葱段、姜片，倒入高汤，加酱油、醋、白糖、香油、味精、料酒、盐，大火烧开，改小火焖2小时，取出凉凉，切片装盘即可。

做法支招：也可在砂锅底垫上竹垫，也能防止海带粘底。

海带炒肉

主料 海带结、猪肉各200克。

调料 料酒、鸡精、精盐、淀粉、酱油、葱丝、蒜片、食用油、清汤各适量。

做法

1. 猪肉洗净，切成薄片；海带结洗净，入沸水锅内焯片刻，捞出沥水。
2. 锅置火上，倒油烧热，放入肉片煸炒至变色，加入酱油、料酒、葱丝、蒜片、精盐、清汤少许继续煸炒，加入海带结，煸炒至熟入味，用淀粉勾芡，放入鸡精即成。

饮食宜忌：吃海带后不要马上喝茶，也不要立刻吃酸涩的水果。因为海带中含有丰富的铁，以上两种食物都会阻碍体内铁的吸收。

海带煲草鱼

主料 草鱼1条(约1500克)，海带结100克。

调料 食用油、精盐、鸡精、葱段、姜片、香油各适量。

做法

1. 草鱼斩杀洗干净，剁成块；海带结洗净。
2. 净锅上火，倒油烧热，放入葱段、姜片爆香，投入草鱼块烹炒，倒入水，加入海带结，煲至熟，调入精盐、鸡精，淋入香油即可。

营养小典：养肝护肝，补钙健骨。

豆芽炒腐皮

主料 豆腐皮200克，绿豆芽150克。

调料 食用油、香菜段、葱姜丝、精盐、味精、香油各适量。

做法

1. 绿豆芽洗净，控水；豆腐皮切丝。
2. 锅置火上，倒油烧热，放入葱姜丝煸香，放入豆腐皮、绿豆芽翻炒至绿豆芽熟，加入香菜段、精盐、味精、香油调味即可。

营养小典：此菜可以预防体态发胖，减肥降脂，是养生健身之佳肴。

春日合菜

主料 豆芽200克，菠菜100克，粉丝50克，鸡蛋2个。

调料 食用油、精盐、葱段、花椒油、香油各适量。

做法

1. 豆芽洗净；菠菜洗净，切段，放入沸水锅烫熟，捞出沥干；粉丝用开水泡软，切段。
2. 鸡蛋磕入碗中打散，加精盐搅匀，下热油锅炒至凝固，盛出。
3. 炒锅倒油烧热，放入葱段、豆芽略炒，放入粉丝、菠菜、鸡蛋块，加精盐、花椒油翻炒均匀，淋香油即可。

营养小典：鲜嫩的菠菜，再配绿豆芽、粉丝、木耳和鸡蛋等，可以为人体提供多种营养元素。

醋烹绿豆芽

主料 绿豆芽200克，青椒、红椒各25克。

调料 葱花、姜末、醋、白糖、盐、食用油各适量。

做法

1. 绿豆芽洗净；青椒、红椒均切丝。
2. 锅置火上，倒油烧至七成热，放入葱花、姜末、青椒、红椒煸炒出香味，放入豆芽快速煸炒至断生，加入盐、白糖炒匀，淋入醋翻炒均匀即可。

营养小典：豆芽中维生素C含量丰富，可以保持皮肤弹性，防止皮肤衰老变皱、色素沉着，是价廉物美的养颜圣品。

韭菜炒豆芽

主料 韭菜、绿豆芽各200克，红椒15克。

调料 酱油、香油、鸡精、盐、食用油各适量。

做法

1. 韭菜洗净，切段；绿豆芽择去头尾，洗净备用。
2. 锅内倒油烧至七成热，放入绿豆芽和韭菜段一起翻炒，加入酱油、盐翻炒均匀，加鸡精调味，淋香油即可。

营养小典：这道菜既能开胃又能补充营养。

元气润饼卷

主料 春饼皮150克，绿豆芽、豌豆苗、胡萝卜、香菇、牛蒡各25克。

调料 橄榄油、沙拉酱各适量。

做法

1. 胡萝卜、牛蒡均去皮，洗净，切丝；绿豆芽、豌豆苗均洗净；所有蔬菜放入沸水锅焯烫至熟，捞出沥干。
2. 橄榄油、沙拉酱同入碗中调匀。
3. 将春饼皮平放，放入准备好的各种蔬菜，卷成卷，切段装盘，淋上橄榄油、沙拉酱即可。

做法支招：此春卷可以个人喜好斟酌搭配各种原料用量。

紫菜豆包菜卷

主料 绿豆芽100克，胡萝卜、香菇各50克，豆腐皮200克，紫菜20克，面粉适量。

调料 食用油、精盐、胡椒粉各适量。

做法

1. 绿豆芽洗净；香菇洗净切丝；胡萝卜削皮，洗净切丝；面粉加水调成面粉糊。
2. 炒锅倒油烧热，放入胡萝卜、香菇炒熟，加精盐、胡椒粉炒匀，盛出。
3. 将豆腐皮平铺，上边铺上紫菜，放上炒好的原料，均匀撒上绿豆芽，卷成圆桶状，开口抹面粉糊压紧，放入沸水蒸笼中，大火蒸3分钟即可。

做法支招：也可以用干净的棉线扎紧豆腐皮卷，这样可以不用面粉糊。

大蒜蜂蜜茶

主料 大蒜100克。

调料 蜂蜜适量。

做法

1. 大蒜剥皮，入锅煮熟，盛出捣烂。
2. 将大蒜泥放入冲好蜂蜜的温水中搅匀即可。

营养小典：有发热症状饮用此茶后可以预防感冒发生。

蜂蜜橙子茶

主料 橙子200克。

调料 蜂蜜适量。

做法

1. 橙子洗净，带皮切成4瓣。
2. 将橙子、蜂蜜放入锅内，加适量水，大火烧沸，改小火煮25分钟，捞出橙子，留汁即可。

营养小典：橙子所含纤维素和果胶物质，可促进肠道蠕动，有利于清肠通便，排除体内有害物质。

萝卜蜜

主料 白萝卜300克。

调料 蜂蜜适量。

做法

1. 白萝卜去皮，洗净，切成小块，放入沸水锅中，大火煮沸，捞出控干，晾晒半天。
2. 将晒好的萝卜放入锅中，加适量水、蜂蜜，以大火煮沸即可。

饮食宜忌：白萝卜具有通气消食的功效，但腹泻患者不宜食用。

大枣煮花生

主料 大枣、花生米各50克。

调料 红糖适量。

做法

1. 大枣、花生米均洗净，用温水浸泡30分钟。
2. 大枣、花生米同入锅中，加适量水，小火煮至汤汁浓稠，加红糖调匀即可。

营养小典：此汤补血养肝，养心安神。

虾米青菜钵

主料 青菜300克，虾米50克。

调料 食用油、盐、鸡精、蚝油、姜末、鲜汤各适量。

做法

1. 青菜洗净、切碎；虾米拣去杂质，洗净后沥干。
2. 锅中倒油烧热，放入姜末炒香，再放入青菜炒软，加入盐、鸡精、蚝油，倒入鲜汤，放入虾米，大火烧开，改小火煮3分钟即可。

做法支招：可以选择爱吃的各种春季时令蔬菜，也可以几种蔬菜混搭制作。

咸蛋黄焗火腿肠

主料 火腿200克，青菜100克，熟咸蛋黄50克。

调料 盐、味精、淀粉、食用油各适量。

做法

1. 火腿切块；熟咸蛋黄压成泥；青菜洗净。
2. 锅中倒油烧热，放入青菜炒熟，加盐、味精调味，装入盘中。
3. 锅留底油烧热，倒入咸蛋黄泥炒酥，倒入火腿块翻炒，使其表面沾一层蛋黄粉，装到青菜盘中即可。

做法支招：咸蛋黄泥一定要炒酥才能均匀地包裹到火腿肠块上。

西蓝花红烧肉

主料 猪五花肉400克，西蓝花200克。

调料 葱段、姜片、蒜片、八角茴香、白糖、酱油、盐、食用油各适量。

做法

1. 猪五花肉洗净，切大块；西蓝花洗净，放入沸水锅焯烫片刻，捞出沥干。
2. 锅中倒油烧热，放入白糖炒至化，放入蒜片炒香，加入肉块翻炒至变色，淋入酱油，翻炒至每块肉都沾上酱油，倒入开水，没过肉块，加入葱段、姜片、八角茴香和盐，大火烧开，转小火炖至肉熟烂，放入西蓝花炒匀即可。

做法支招：西蓝花含维生素C较多，有利于养肝。

番茄胡萝卜汁

主料 番茄、胡萝卜各100克。

做法

1. 番茄、胡萝卜均去皮，洗净，切成丁。
2. 将番茄丁、胡萝卜丁同放入榨汁机中，加入适量水榨成汁即可。

营养小典：胡萝卜含有大量胡萝卜素，有补肝明目的作用，可治疗夜盲症。

胡萝卜黄椒杧果汁

主料 胡萝卜、黄椒、杧果各150克。

做法

1. 杧果去皮，洗净，切丁；胡萝卜洗净，切丁；黄椒洗净，去蒂、去子，切丁。
2. 杧果、胡萝卜、黄椒和适量凉白开同放入果汁机中，瞬打2下，再慢速打3分钟即成。

做法支招：挑选杧果时不要挑有点发绿的，那是没有完全成熟的表现；对于果皮有少许皱褶的杧果，不要觉得不新鲜而不挑选，恰恰相反，这样的杧果才更甜。

胡萝卜沙拉

主料 胡萝卜200克，葡萄干30克，酸奶200毫升。

做法

1. 胡萝卜去皮，洗净，入锅煮熟，切成小块；葡萄干洗净。
2. 葡萄干与胡萝卜一同倒入碗中，倒入酸奶拌匀即可。

营养小典：此沙拉开胃健脾，补钙壮骨。

什锦沙拉

主料 胡萝卜、马铃薯、小黄瓜各100克，火腿50克，鸡蛋1个。

调料 胡椒粉、白糖、盐、白醋、沙拉酱各适量。

做法

1. 胡萝卜洗净切丁；黄瓜洗净切丁，加盐腌制10分钟；火腿切碎；鸡蛋入锅煮熟，蛋白切碎，蛋黄压碎；马铃薯洗净，去皮切片，入锅煮10分钟后捞出，压成泥。
2. 将马铃薯泥加入胡萝卜丁、黄瓜丁、蛋白粒、沙拉酱、胡椒粉、白糖、盐、白醋拌匀，撒上碎蛋黄即成。

做法支招：做凉拌类直接入口的蔬菜时，可以加些柠檬汁或醋消毒。

蔬菜肉卷

主料 四季豆、胡萝卜各100克，猪里脊肉150克。

调料 盐、料酒各适量。

做法

1. 猪里脊肉洗净，切片，抹匀料酒、盐；四季豆洗净，撕除老筋，切长段；胡萝卜洗净，去皮，切条；四季豆、胡萝卜均入盐水锅煮10分钟后捞出。
2. 将猪里脊肉摊开，放上适量的四季豆、胡萝卜，包卷起来，放入沸水锅蒸20分钟即可。

做法支招：可以用牙签来固定肉卷，蒸熟后拔掉即可。

腊肉炒三鲜

主料 腊肉300克，胡萝卜、芹菜、水发木耳各30克。

调料 盐、食用油各适量。

做法

1. 腊肉放入沸水锅煮5分钟，捞出沥干，切片；胡萝卜去皮洗净，切片；芹菜洗净，切段；水发木耳洗净，撕成小朵。
2. 锅中倒油烧热，放入腊肉，翻炒至肥肉部分见透明，加入胡萝卜、木耳、芹菜一起炒熟，加入盐调味即可。

做法支招：腊肉上面的烟熏杂质比较多，可以先煮一下，然后再用钢丝球将腊肉表面洗净。

蔬菜鸡蛋糕

主料 洋葱、胡萝卜、菠菜各30克，鸡蛋3个。

调料 盐、香油各适量。

做法

1. 洋葱切碎；胡萝卜去皮洗净，切碎；菠菜洗净，放入沸水锅焯烫片刻，捞出沥干，切碎。
2. 鸡蛋磕入碗中打散，加入适量水和全部蔬菜、盐搅拌均匀，上蒸锅蒸熟，盛出，淋香油即可。

营养小典：此菜含有丰富的维生素A、维生素B_2、维生素D、铁及磷脂酰胆碱。

胡萝卜兔丁

主料 胡萝卜、兔肉各200克。

调料 食用油、酱油、精盐、鸡精、料酒各适量。

做法

1. 兔肉洗净，切丁；胡萝卜去皮洗净，切丁。
2. 炒锅点火，倒油烧热，下兔肉炒至断生变白时，加入精盐、胡萝卜丁，烹入料酒、酱油翻炒至熟，调入味精炒匀即可。

营养小典：胡萝卜的营养及药用价值都很高，与兔肉成菜同食，营养丰富，是滋补佳肴。

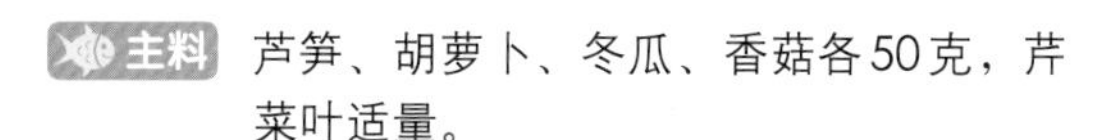

蔬菜汤

主料 芦笋、胡萝卜、冬瓜、香菇各50克，芹菜叶适量。

调料 酱油、水淀粉各适量。

做法

1. 胡萝卜、冬瓜均去皮洗净，切丁；香菇洗净，切丁；芦笋去老根，洗净，切段；芹菜叶洗净。
2. 锅中倒入适量水，放入切好的蔬菜，大火煮至蔬菜软熟，放入芦笋稍煮，用酱油调味，加入水淀粉勾芡，撒芹菜叶即可。

营养小典：这道菜润肺滋补、清血排毒，促进肠胃蠕动，是排毒减肥的佳品。

胡萝卜土豆泥小饼

主料 胡萝卜、土豆各200克。

调料 葱花、盐、食用油各适量。

做法

1. 胡萝卜、土豆均去皮洗净，入锅蒸熟，盛出压成泥。
2. 在胡萝卜土豆泥里加入葱花、盐，搅拌均匀。
3. 平底锅倒油烧热，放入胡萝卜土豆泥，用勺压扁，烙至两面金黄即可。

做法支招：土豆要选择皮薄、个大、表皮光滑的。

什锦炒饭

主料 米饭200克，香菇、胡萝卜各30克。

调料 盐、鸡精、酱油、食用油各适量。

做法

1. 香菇去蒂洗净，切丝；胡萝卜去皮洗净，切丝；两种原料同入沸水锅焯烫片刻，捞出沥干。
2. 锅中倒油烧至八成热，倒入米饭翻炒均匀，加入香菇、胡萝卜，继续翻炒片刻，加盐、鸡精、酱油翻炒均匀即可。

营养小典：每天吃两根胡萝卜，可使血中胆固醇降低10%~20%；每天吃三根胡萝卜，有助于预防心脏疾病和肿瘤。

京糕莲藕

主料 嫩莲藕200克，山楂糕100克。

调料 白醋、精盐、白糖各适量。

做法

1. 莲藕削去外皮，洗净，切丁；山楂糕切丁。
2. 锅中倒水，加精盐，大火烧开，放入莲藕丁，焯烫至熟透，捞出沥干。
3. 将莲藕丁放入碗中，加入白醋、白糖，拌匀腌渍5分钟，加入山楂糕，拌匀即可。

营养小典：此菜消食止泻，开胃清热。

三七藕汁烘蛋

主料 鸡蛋2个，鲜藕50克，三七末3克，枸杞子少许。

调料 盐适量。

做法

1. 鲜藕去皮，洗净捣碎，榨取藕汁。
2. 鸡蛋磕入碗中打散，加藕汁，三七末、枸杞子、盐和适量水搅匀，放入已预热好的烤箱，以180℃上下火，烘熟即可。

营养小典：三七有“止血神药”之称，散瘀血，止血而不留瘀，对出血兼有瘀滞者更为适宜。

煳辣藕片

主料 莲藕400克。

调料 干椒段、花椒、香醋、糖、酱油、盐、鸡精、食用油各适量。

做法

1. 莲藕去皮，洗净，切片，冲水洗去多余的淀粉，沥干；糖、香醋、酱油、鸡精同放入放小碗中调匀成糖醋汁。
2. 锅中倒油烧热，放入干椒段、花椒爆香，倒入藕片翻炒均匀，加盐炒匀，倒入糖醋汁，翻炒2分钟即可。

做法支招：这道酸甜煳辣、爽脆利口的莲藕片既可以做成凉的开胃头菜，也可以吃热的用作下饭菜。

牛骨莲枣汤

主料 牛骨250克，莲藕150克，大枣10克。

调料 盐适量。

做法

1. 牛骨、莲藕均洗净，切块；大枣洗净。
2. 锅置火上，放入适量水，大火烧开，放入大枣、莲藕、牛骨，煮至再沸，撇去浮沫，改小火炖2小时，加盐调味即可。

做法支招：牛骨较大、较硬，不易炖熟。在买牛骨时可以请卖家把牛骨剁成小块。

粉蒸藕

主料 莲藕300克，生米粉、五花肉各100克。

调料 姜末、葱花、胡椒粉、香油、酱油、醋、味精、盐各适量。

做法

1. 莲藕去皮洗净，以刀面拍碎，再切成块；五花肉洗净，切丁；酱油、醋、香油调匀成味汁。
2. 将莲藕、五花肉同放入大碗中，加入生米粉、盐、姜末、葱花、胡椒粉、味精拌匀，倒在小圆蒸笼中，放入沸水锅蒸25分钟，翻扣入盘里，淋入味汁，拌匀即可。

做法支招：生米粉要购买质量合格的，以免其中添加了其他的杂质。

糯米莲藕

主料 莲藕200克，糯米150克。

调料 蜂蜜适量。

做法

1. 糯米洗净，用水浸泡3小时；莲藕洗净。
2. 选莲藕大头的一端切开一小段，冲净藕孔，把糯米灌满藕孔，盖严大头的一端，用牙签扎牢。
3. 将灌好糯米的莲藕放入蒸锅，大火蒸40分钟，取出凉凉，切片后码盘，淋匀蜂蜜即可。

做法支招：有的莲藕切开后心有很多的泥污，这样的莲藕不能要。

藕粉圆子

主料 藕粉、枣泥各200克。

调料 白糖、糖桂花各适量。

做法

1. 将枣泥制成球状馅心，放入藕粉中滚动，使其沾满藕粉，放入沸水锅煮至藕粉熟，迅速捞出，用冷水漂凉；再放入藕粉中滚动，沾满藕粉，再放入沸水锅煮熟，迅速捞出，用冷水漂凉；如此反复多次。
2. 将藕粉圆子放大碗中，加入白糖、糖桂花拌匀即可。

营养小典：藕粉圆子营养价值和药用价值均高，有滋补强身、宽胸益气之功效。

小炒菌拼

主料 茶树菇、香菇、鸡腿菇各100克，小油菜50克。

调料 盐、食用油各适量。

做法

1. 将所有的菌类洗净，切片，小油菜洗净，切成两半。
2. 锅内倒油烧至八成热，放入全部菌类翻炒均匀，加入小油菜、盐翻炒均匀即可。

做法支招：如果不喜欢菌类特有的味道，可以用开水将菌类汆烫一下，再进行烹饪。

椒盐炸香菇

主料 香菇300克，面粉50克，芝麻10克。

调料 食用油、花椒盐各适量。

1. 香菇去蒂洗净，切条，裹匀面粉。
2. 锅中倒油烧至八成热，放入香菇条炸至酥脆，捞出沥油。
3. 锅留底油烧热，放入花椒盐，倒入炸脆香菇翻炒均匀，撒芝麻即可。

做法支招：当锅中的油不再噼噼啪啪地溅出，说明香菇基本炸好了，里面的水分都已经炸干了。

爆炒牛肚

主料 香菇、猪肚各150克，青椒、红椒各25克。

调料 葱段、姜片、花椒、八角茴香、白糖、盐、味精、鲜汤、食用油各适量。

做法

1. 香菇去蒂，洗净，切条，放入沸水锅焯烫片刻，捞出沥干；青椒、红椒均切条。
2. 猪肚用醋搓洗干净，放入锅中，加适量水、盐、花椒、八角茴香、姜片、葱段，小火煮40分钟，捞出沥干，切条。
3. 锅中倒油烧热，倒入猪肚、香菇、红椒、青椒炒匀，放入盐、白糖和少许鲜汤，煨至入味，加味精炒匀即可。

做法支招：也可用卤好的猪肚烹制此菜。

鸡肉香菇蛋卷

主料 鸡蛋3个，鸡胸肉、水发香菇各100克。

调料 盐、鸡精各适量。

做法

1. 鸡蛋磕入碗中，加盐、鸡精打散，入锅摊成蛋皮；鸡胸肉洗净，入锅煮熟，捞出凉凉，剁碎；水发香菇洗净，切碎。
2. 将鸡蛋皮切成宽条，放上鸡肉末、香菇末，卷成蛋卷，放盘中，放入沸水锅蒸5分钟即可。

营养小典：香菇含大量B族维生素和香菇多糖，能增强机体抵抗力。

香菇豆腐炖鲳鱼

主料 鲳鱼1条，豆腐、香菇各100克。

调料 葱段、姜丝、精盐、味精、白糖、食用油各适量。

做法

1. 鲳鱼宰杀洗净；香菇泡发，洗净，切块；豆腐切块，放入沸水锅焯烫片刻，捞出沥干。
2. 锅中倒油烧至四成热，放入葱段、姜丝爆香，放入鲳鱼，加适量水、精盐、白糖、豆腐、香菇，大火煮沸，改小火煮40分钟即可。

营养小典：此菜可提高机体免疫力，抵御流感。

香菇火腿蒸鳕鱼

主料 鳕鱼肉300克，火腿、干香菇各10克。

调料 盐、料酒各适量。

做法

1. 干香菇用温水浸泡1小时，洗净，去蒂，切丝；火腿切丝；鳕鱼肉洗净；盐、料酒同入小碗中调匀成味汁。
2. 将鳕鱼肉放大盘中，在鳕鱼表面铺上香菇丝、火腿丝，放入沸水锅大火蒸8分钟，倒入味汁，再用大火蒸4分钟，盛出即可。

做法支招：最好选肥瘦各一半的金华火腿，这样火腿中的油加热后会溶解在鱼肉里，使鱼肉口感软嫩，还可以增加香味。

花菇凤柳

主料 鸡胸肉、花菇各200克，鸡蛋清1个。

调料 葱姜末、料酒、盐、味精、淀粉、高汤、食用油各适量。

做法

1. 鸡胸肉洗净，切丝，加入鸡蛋清、水、盐、淀粉拌匀浆好；花菇洗净，切丝，放入沸水锅焯烫片刻，捞出沥干。
2. 锅中倒油烧热，放入鸡丝滑熟，捞出控油。
3. 锅留底油烧热，放入葱姜末爆香，倒入鸡丝、花菇炒匀，加入料酒、盐、味精，倒入高汤，焖烧至汤汁收干即可。

营养小典：花菇含有丰富的蛋白质和氨基酸，并有钙、锌、磷、铁等矿物质和多种维生素。

菌菇炖土鸡

主料 土鸡300克，香菇、滑子菇、草菇各50克，朝天椒10克。

调料 姜片、胡椒粉、味精、盐、干辣椒各适量。

做法

1. 香菇、滑子菇、草菇均洗净；土鸡宰杀洗净，切成大块；朝天椒洗净，切段。
2. 将香菇、滑子菇、草菇、土鸡、朝天椒、姜片、干辣椒一起放入炖盅，加入适量水，大火烧开，撇去浮沫，改小火炖30分钟，加入盐、味精、胡椒粉调味，再炖15分钟即可。

做法支招：如果时间不够充足，也可以将鸡肉剁成小块来炖煮。

豆腐香菇汤

主料 豆腐200克，鸡肉、香菇各25克，鸡蛋1个。

调料 盐、醋、水淀粉、素高汤各适量。

做法

1. 鸡蛋磕入碗中打散；豆腐洗净，切丁；鸡肉、香菇均洗净，切丝。
2. 锅中倒入高汤煮沸，倒入鸡丝、香菇丝煮至熟，放入豆腐，加盐、醋调味，用水淀粉勾芡，淋上鸡蛋液，煮沸即可。

营养小典：香菇含有丰富的精氨酸和赖氨酸，常吃香菇，可促进身体发育，并可健脑益智。

小米香菇粥

主料 小米100克，香菇50克，鸡内金5克。

调料 盐适量。

做法

1. 香菇洗净，切碎；小米淘洗干净。
2. 锅中加水，放入小米、鸡内金，用小火煮成粥，放入香菇煮至熟烂，加盐调味即可。

营养小典：此品可以大益胃气，开胃助食，健脾和胃，消食化积。

香菇鸡肉饭

主料 米饭300克，鸡肉、香菇各50克，芹菜叶20克。

调料 葱姜末、酱油、料酒、盐、胡椒粉、食用油各适量。

做法

1. 鸡肉洗净，切丁，加入酱油、料酒、盐、胡椒粉拌匀腌制20分钟；香菇洗净，切丁，入锅焯烫后捞出；芹菜叶洗净。
2. 锅中倒油烧热，放入葱姜末煸香，放入鸡丁煸炒至变色，加入香菇、盐、胡椒粉炒至将熟，倒入米饭炒匀，淋入酱油，加芹菜叶炒匀即可。

做法支招：制作米饭的时候如果可以将大米泡20分钟再煮，米饭的口感会更加润滑。

黄油炒饭

主料 米饭150克，香菇20克，胡萝卜、芝麻各15克。

调料 葱花、黄油、盐、味精各适量。

做法

1. 香菇去蒂洗净，切丁；胡萝卜去皮洗净，切丁；两种原料均入沸水锅烫熟，捞出沥干。
2. 炒锅加入黄油烧热，放入葱花炒香，放入香菇丁、胡萝卜丁、米饭拌炒均匀，加盐、味精炒拌入味，撒上葱花、芝麻，拌匀即可。

营养小典：黄油营养极为丰富，具有增添热力、延年益寿等功效。

猪肉香菇锅贴

主料 猪肉、香菇各150克，饺子皮300克。

调料 葱末、鸡精、酱油、香油、盐、食用油各适量。

做法

1. 猪肉洗净，剁成肉泥；香菇洗净，切丁。
2. 葱末、香菇、猪肉、盐、鸡精、酱油、香油均匀地搅拌在一起和成馅料，用饺子皮包成饺子生坯。
3. 煎锅倒油烧至六成热，放入饺子，将底煎成金黄色后翻面，倒入少许水，盖上锅盖焖5分钟，揭开锅盖待水干即可。

做法支招：选购猪肉时要挑选具有弹性，表面不发黏，没有异味的新鲜猪肉。

大枣水

主料 大枣100克。

做法

1. 大枣洗净，用水浸泡1个小时，捞出沥干。
2. 锅中倒水，放入大枣，大火煮沸，改成小火煮1小时，去渣喝水即可。

饮食宜忌：大枣水容易上火，一次不要超过50毫升，更不要天天喝。

大枣木耳汤

主料 干木耳、大枣各15克。

调料 冰糖适量。

做法

1. 干木耳用温水泡发，洗净，去蒂；大枣洗净。
2. 将木耳、大枣同放入小碗中，加适量水、冰糖，隔水蒸1小时即可。

做法支招：可将大枣核去掉再煮，比带核能减轻上火程度。

猪皮大枣羹

主料 猪皮300克，大枣50克。

调料 盐适量。

做法

1. 猪皮去毛，洗净，放入沸水锅汆烫片刻，捞出沥干，切条；大枣洗净。
2. 将猪皮放入锅中，倒入适量水，大火煮沸，改小火炖至汤汁黏稠，加入大枣煮熟，加盐调味即可。

营养小典：猪皮富含胶原蛋白，大枣是补血佳品，这道羹汤黏稠香甜，入口即化。

当归粥

主料 粳米100克，大枣5克，当归10克。

调料 糖适量。

做法

1. 粳米淘洗干净；大枣洗净。
2. 当归洗净，装入砂锅中，放入温水浸泡10分钟，上火煎熬，过滤两次药液合并出当归汁150毫升左右。
3. 将粳米、大枣、糖加入当归汁中，再加适量水，煮至米烂粥稠即可。

营养小典：此粥可以活血化瘀，润肠通便，适用于辅助治疗冠心病等症。

大枣海参淡菜粥

主料 大米100克，水发海参25克，大枣、淡菜各10克。

调料 盐适量。

做法

1. 大枣洗净，去核；水发海参、淡菜均洗净；大米淘洗干净。
2. 锅中倒入大米，加入大枣、海参、淡菜及适量水，大火烧沸，改小火煮45分钟即可。

营养小典：海参，味甘咸，补肾，益精髓，摄小便，壮阳疗痿，其性温补，足敌人参，最适宜产后滋补。

大枣饼

主料 大枣250克，面粉500克，白术、鸡内金、干姜各5克。

调料 食用油、盐各适量。

做法

1. 白术、干姜加水熬成汁，加入大枣，煮熟后捞起，去枣核，压成泥。
2. 将鸡内金磨成细粉，与面粉、盐拌匀。
3. 将面粉、枣泥、药汁和匀，加水揉成面团，摊成饼，放入热油锅煎成两面金黄色即可。

营养小典：该菜有驱风行气，活血养血，暖胃健脾，补肾的功效。

猪肝凉拌瓜片

主料 黄瓜、熟猪肝个150克，海米25克。

调料 香菜段、酱油、醋、盐、味精、花椒油各适量。

做法

1. 黄瓜洗净，切片；熟猪肝去筋，切片；海米泡发洗净。
2. 黄瓜、猪肝、海米同放大碗中，撒香菜段，加酱油、醋、盐、味精、花椒油拌匀即可。

做法支招：刺小而密的黄瓜较好吃，刺大且稀疏的黄瓜没有黄瓜味。

爆炒猪肝

主料 猪肝300克，洋葱100克。

调料 蒜片、辣豆瓣酱、酱油、料酒、白糖、盐、食用油各适量。

做法

1. 猪肝冲洗干净，切片，加入辣豆瓣酱、酱油、料酒抓匀腌制15分钟；洋葱洗净，切片。
2. 炒锅倒油烧热，放入蒜片爆香，放入猪肝滑散，翻炒2分钟，捞出沥油。
3. 净锅倒油烧热，放入洋葱、蒜片炒香，加入猪肝、辣豆瓣酱、酱油、盐、白糖，爆炒2分钟即可。

做法支招：当需要快速烹饪的时候，猪肝可以切成适当的大小，用流水反复冲洗10分钟。

小炒猪肝

主料 猪肝200克，蒜薹100克，红椒5克。

调料 蒜末、盐、白糖、食用油各适量。

做法

1. 猪肝清洗干净，切片；蒜薹洗净切小段；红椒洗净，切碎。
2. 锅内倒油烧至八成热，放入红椒、蒜末爆香，加入猪肝片翻炒3分钟，放入蒜薹炒熟，加盐、白糖调味即可。

饮食宜忌：猪肝要反复清洗，而且不宜过量食用。

酸甜猪肝

主料 猪肝250克，菠萝肉、水发木耳各50克。

调料 葱段、香油、白糖、醋、酱油、水淀粉、食用油各适量。

做法

1. 猪肝、菠萝肉分别洗净，切小片；水发木耳洗净，撕成小片。
2. 猪肝放碗中，加酱油、水淀粉，拌匀上浆。
3. 锅中倒油烧热，放入猪肝滑熟，捞出沥油。
4. 锅留底油烧热，放入葱段、木耳、菠萝肉翻炒片刻，加醋、白糖炒匀，用水淀粉勾芡，倒入猪肝翻炒均匀，淋香油即可。

营养小典：菠萝含有一种跟胃液相类似的酵素，可以分解蛋白，帮助消化。

豆芽炒猪肝

主料 豆芽、猪肝各200克。

调料 姜丝、醋、酱油、料酒、鸡精、盐、食用油各适量。

做法

1. 豆芽洗净；猪肝洗净，剔去筋膜，入锅煮熟，取出凉凉，切片。
2. 锅内倒油烧热，放入姜丝爆香，倒入豆芽，大火翻炒均匀，烹入适量醋后炒匀，盛出。
3. 另锅倒油烧热，倒入猪肝片炒散，加入酱油、料酒炒匀，倒入炒好的豆芽，加鸡精、盐调味，炒匀即可。

营养小典：这道菜可以预防贫血、补充维生素A。

卤猪肝

主料 猪肝400克。

调料 料酒、精盐、酱油、蒜瓣、葱段、姜片、花椒、八角茴香各适量。

做法

1. 猪肝洗净，在表面割斜纹，入沸水锅汆一下，捞出沥干；花椒、八角茴香装入纱布袋中制成料包。
2. 净锅内加入适量清水，放入料包，加入料酒、精盐、酱油、蒜瓣、葱段、姜片烧沸，放入猪肝，大火烧沸，改小火焖烧至猪肝熟，出锅凉透，切片即可。

做法支招：猪肝剖开后要去掉白色臊腺。

猪肝黄豆煲

主料 猪肝200克，黄豆50克。

调料 盐适量。

做法

1. 猪肝洗净，切成片；黄豆用水浸泡6小时。
2. 将猪肝和黄豆一起倒入锅中，加适量水，小火煮至肝熟豆烂，加盐调味即可。

营养小典：肝含有丰富的铁、磷，它是造血不可缺少的原料。

炒猪肝菠菜

主料 猪肝200克，菠菜150克，牛奶100毫升。

调料 盐、鸡精、胡椒粉、食用油各适量。

做法

1. 猪肝洗净，切片，放入牛奶中腌渍10分钟，捞出沥干，加盐、胡椒粉拌匀。
2. 菠菜洗净，切段。
3. 锅中倒油烧热，倒入猪肝翻炒至变色，加入菠菜翻炒均匀，加盐、鸡精、胡椒粉调味即可。

做法支招：用牛奶泡过后，猪肝没有异味，即便是讨厌猪肝的人也可以很好地入口。

青椒炒猪肝

主料 猪肝300克，青椒、红椒各50克。

调料 葱花、蒜末、淀粉、酱油、鸡精、精盐、食用油各适量。

做法

1. 猪肝洗净，切片，加入鸡精、酱油、淀粉腌制10分钟，放入沸水锅氽烫至变色，捞出沥干；青椒、红椒均洗净切片。
2. 炒锅倒油烧热，倒入葱花、蒜末爆香，放入青椒、红椒翻炒片刻，加入猪肝炒熟，加精盐、鸡精调味即可。

做法支招：如果新鲜猪肝不易切片，可将猪肝煮至七成熟再切片，但切忌煮熟煮硬。

鲜茄肝扒

主料 猪肝100克，紫薯150克，面粉50克。

调料 番茄酱、生抽、盐、白糖、水淀粉、食用油各适量。

做法

1. 猪肝洗净，加入生抽、盐、糖腌制10分钟，切碎。
2. 紫薯连皮洗干净，放入锅中煮软，捞起剥皮，压成泥，加入猪肝粒、面粉，搅拌成糊状，用手捏成厚块，放入热油锅中煎至两面呈金黄色，捞出沥油，摆盘。
3. 锅留底油烧热，放入番茄酱、盐、白糖炒匀，用水淀粉勾芡，淋在紫薯猪肝饼上即可。

做法支招：制作时，猪肝制成的厚块不能煎至皮太硬脆，这样不易消化。

胡萝卜炒鸡肝

主料 鸡肝、胡萝卜各200克。

调料 酱油、料酒、盐、食用油各适量。

做法

1. 鸡肝洗净，切丁；胡萝卜洗净，去皮后切丁，放入沸水锅汆烫1分钟，捞出沥干。
2. 锅中倒油烧热，放入鸡肝、胡萝卜，小火炒匀，加入料酒拌炒数下，淋入少许水、酱油，煮至汤汁收干即可。

做法支招：鸡肝要充分浸泡后，清洗干净残血。

法式浓汁鸡肝

主料 鸡肝200克，黄瓜50克。

调料 食用油、沙拉酱、蚝油、精盐、蒜末、胡椒粉、淀粉、鸡精各适量。

做法

1. 鸡肝洗净，切小块，加胡椒粉、淀粉、精盐、食用油拌匀腌制15分钟；黄瓜洗净，切片。
2. 炒锅倒油烧热，放入一半蒜末爆香，加入黄瓜炒熟，调入精盐、鸡精炒匀，盛盘。
3. 平底锅倒油烧热，放入鸡肝煎至两面微黄，取出，再放入剩余蒜末炒香，倒入蚝油、沙拉酱和适量水煮沸，放入鸡肝拌匀，盛出摆在黄瓜旁即可。

做法支招：也可以将黄瓜去皮切片后直接摆盘食用。

冷拌鸡肝

主料 熟鸡肝200克，黄瓜150克。

调料 辣椒油、姜末、精盐、酱油、醋、味精、香油各适量。

做法

1. 熟鸡肝切成片，装碗中；黄瓜洗净，切成片，装入鸡肝碗中。
2. 辣椒油、精盐、酱油、醋、味精、香油同倒入小碗内，对成料汁，浇在黄瓜鸡肝片上，拌匀即成。

营养小典：鸡肝含有较丰富的钙质和维生素D，具有补铁、补血、健脑的功效。

鸡肝牛肉饼

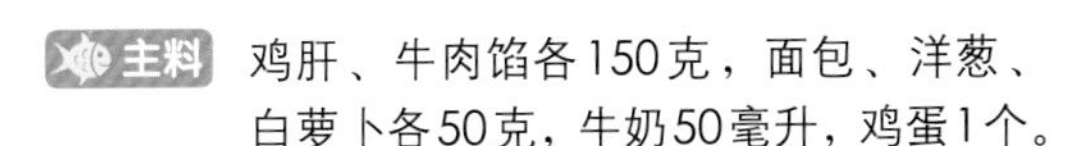

主料 鸡肝、牛肉馅各150克，面包、洋葱、白萝卜各50克，牛奶50毫升，鸡蛋1个。

调料 香菜叶、姜片、盐、柠檬醋、食用油各适量。

做法

1. 鸡肝洗净，放入沸水锅中，加入姜片，煮熟，捞出凉凉，切碎；面包切碎，放入牛奶中浸泡；洋葱、白萝卜均切碎。
2. 将上述材料全部放入碗中，加盐、柠檬醋和成馅料，捏成肉饼生坯。
3. 锅中倒油烧热，放入肉饼，两面煎烤至熟，盛出，点缀香菜叶即可。

营养小典：牛肉具有补中益气、健脾益胃的作用，常食能润肺补肾，巩固元气。

鸡肝粥

主料 大米100克，鸡肝50克。

调料 盐适量。

做法

1. 鸡肝洗净，剁碎；大米淘洗干净。
2. 锅置火上，加适量水，放入大米，大火煮开，改小火，加盖焖煮至大米熟烂，拌入鸡肝泥，加盐搅匀，煮开即可。

饮食宜忌：鸡肝不宜与维生素C、抗凝血药物、左旋多巴和苯乙肼等药物同食。

鸡肝小米粥

主料 鸡肝50克，小米100克。

调料 姜片、盐、味精各适量。

做法

1. 鸡肝洗净，切块；小米淘洗干净。
2. 锅中倒入适量水，放入小米、姜片，大火煮沸，转小火煮20分钟，加入鸡肝，煮至米烂鸡肝熟，加盐、味精调味，稍煮即可。

营养小典：鸡肝是养血的佳品，与小米同煮有固元气的功效。

鸡肝茭白枸杞汤

主料 鸡肝200克，茭白50克，枸杞子5克。

调料 葱姜末、食用油、酱油、精盐各适量。

做法

1. 鸡肝洗净，切块，放入沸水锅氽烫片刻，捞出沥干；茭白洗净，切块；枸杞子洗净。
2. 锅中倒油烧热，放入葱姜末爆香，加入茭白煸炒片刻，烹入酱油，倒入水，调入精盐，下入枸杞子、鸡肝，小火煲至熟即可。

做法支招：如果用鸡汤代替水，此菜会更加美味。

黄金肉末

主料 瘦肉300克。

调料 葱末、姜末、酱油、食用油各适量。

做法

1. 瘦肉洗净，剁碎。
2. 锅置火上，倒油烧热，放入肉末煸炒至八成熟，加入葱末、姜末、酱油，炒至全熟即可。

营养小典：肉末含有丰富的营养成分，有滋补肾阴、滋养肝血、润泽皮肤等功效。

花生米肉丁

主料 猪瘦肉300克，油炸花生米50克，胡萝卜、山药各25克。

调料 葱花、姜丝、白糖、料酒、盐、味精、食用油各适量。

做法

1. 胡萝卜、山药均去皮，洗净，切丁；猪瘦肉洗净，切丁。
2. 锅中倒油烧热，放入葱花、姜丝煸香，加入猪肉煸炒至变色，烹入料酒，加盐、白糖和少许水，炒至肉丁入味，加入胡萝卜、山药炒匀，炒至菜熟，加花生米、盐、味精翻炒均匀即可。

饮食宜忌：花生含脂量较高，一天食用量不可超过50克。

黄花杞子蒸猪肉

主料 瘦猪肉200克，干黄花菜、枸杞子各10克。

调料 料酒、酱油、香油、淀粉、精盐各适量。

做法

1. 瘦猪肉洗净，切片；枸杞子洗净；干黄花菜用水泡发，洗净，与瘦肉、枸杞子一起剁碎。
2. 将剁好的猪肉、枸杞子、黄花菜放盆内，加料酒、酱油、香油、淀粉、精盐搅拌至黏，摊平，入锅内隔水蒸熟即可。

营养小典：此菜由黄花菜和滋阴、润燥、补肾、益肝的猪瘦肉蒸制而成，具有补气、补血的作用。

炸佛手卷

主料 猪瘦肉馅300克，面粉50克，鸡蛋2个。

调料 料酒、香油、味精、盐、淀粉、花椒盐、葱姜末、食用油各适量。

做法

1. 猪瘦肉馅加味精、盐、料酒、香油、葱姜末、淀粉搅拌均匀，制成肉馅。
2. 鸡蛋加淀粉调匀，摊制成蛋皮，将面粉加水调成糊状，抹在蛋皮上，上边再抹一层肉馅，卷成长条，压扁。每隔1厘米切一刀(不要切断)。连切四刀，第五刀切断，成佛手形。
3. 锅中倒油烧热，放入佛手炸成金黄色，捞出沥油，装盘，蘸花椒盐食用即可。

营养小典：此菜健脾开胃，增强体力。

木耳鸡蛋瘦肉汤

主料 猪瘦肉、菠菜各50克，鸡蛋1个，水发木耳、水发笋片各20克，海米5克。

调料 高汤、精盐、鸡精、香油、酱油各适量。

做法

1. 猪瘦肉洗净，切片；鸡蛋磕入碗中搅散；菠菜洗净；水发木耳、水发笋片分别洗净，切丝。
2. 锅内倒入高汤烧开，放入肉片、木耳丝、海米、笋丝、菠菜，大火烧至肉熟，加精盐、酱油调味，淋入鸡蛋液，汤再沸后加入鸡精、香油调味即可。

营养小典：此汤补精添髓，可增强体力。

白灼猪腰

主料 猪腰300克，菠菜叶50克，红辣椒10克。

调料 姜丝、葱丝、酱油、淀粉、食用油各适量。

做法

1. 红辣椒洗净，切末；猪腰洗净，去筋膜，切片；菠菜叶洗净，入锅烫熟，捞出沥干，垫入碗底。
2. 将猪腰片加酱油、淀粉拌匀腌制20分钟，放入沸水锅氽烫至五成熟，捞出沥干。
3. 锅中倒油烧热，放入猪腰片大火炒熟，淋酱油炒匀，出锅盛入菠菜叶碗中，撒红椒末即可。

做法支招：清洗内脏可用可乐，洗得干净又省力。

麻油炒腰花

主料 猪腰300克，青椒100克。

调料 盐、味精、姜末、葱丝、辣椒、白糖、食用油各适量。

做法

1. 猪腰洗净，去筋膜，切花刀；青椒洗净，切片。
2. 锅中倒油烧热，放入腰花，加盐滑熟，捞出沥油。
3. 锅留底油烧热，放入姜末、葱丝爆香，放入青椒、味精、盐、白糖翻炒均匀，加入腰花炒匀即可。

做法支招：新鲜猪腰有层膜，光泽润泽不变色。

香葱腰花

主料 猪腰400克。

调料 葱花、姜末、香菜段、酱油、蚝油、生抽、淀粉、料酒、盐、鲜汤、食用油各适量。

做法

1. 猪腰撕去筋膜，剔净腰臊，洗净，切花刀，加盐、料酒、淀粉抓匀腌拌15分钟，放入沸水锅氽至断生，捞出盛盘。
2. 将酱油、生抽、香菜段、葱花、姜末、蚝油、鲜汤倒入锅中烧沸，淋在猪腰花上，撒葱花。
3. 锅中倒油烧至八成热，将热油淋在腰花上即可。

营养小典：猪腰含有蛋白质、脂肪、糖类、钙、磷、铁和维生素等，有健肾补腰、和肾理气之功效。

豆芽腰片汤

主料 猪腰200克，黄豆芽100克。

调料 精盐、胡椒粉各适量。

做法

1. 猪腰洗净，去除腰臊，切片，放入沸水锅汆烫片刻，捞出沥干；黄豆芽洗净。
2. 净锅上火，倒入适量水，放入精盐，下入黄豆芽、猪腰煲至熟，加胡椒粉推匀即可。

做法支招：猪腰煮熟后，厚度会增加，所以要切薄一点。

党参腰花汤

主料 猪腰300克，黄豆芽150克，党参15克。

调料 姜丝、高汤、盐各适量。

做法

1. 猪腰对半剖开，去除腰臊，切成腰花；黄豆芽、党参均洗净。
2. 高汤倒入煲锅内，加入党参，中小火煮沸，放入黄豆芽，加入腰花，至汤再滚时熄火，加盐调匀，盖上锅盖闷至腰花熟透，撒姜丝即可。

做法支招：党参买回来后没有一次性用完，应该密封好于干燥阴凉处存放。

鸡蛋沙拉

主料 鸡蛋2个，西蓝花150克，酸奶150毫升。

做法

1. 鸡蛋洗净，入锅煮熟，蛋清切碎，蛋黄捣碎。
2. 西蓝花洗净，切成小块，入锅煮熟，捞出沥干。
3. 酸奶倒入大碗中，加入鸡蛋、西蓝花拌匀即可。

做法支招：西蓝花可先在淡盐水中浸泡20分钟，去除农药残留。

肉末炒鸡蛋

主料 猪肉100克，鸡蛋2个，番茄200克。

调料 葱花、盐、食用油各适量。

做法

1. 猪肉洗净，切末；番茄洗净，切块。
2. 鸡蛋磕入碗中打散，倒入热油锅炒成蛋块，盛出。
3. 锅中倒油烧热，放入葱花爆香，放入肉末炒至变色，加入番茄翻炒均匀，放入鸡蛋块炒匀，加盐调味即可。

饮食宜忌：青番茄含有毒素，不可食用。

蛋蓉玉米羹

主料 罐装玉米100克，鸡蛋2个。

调料 炼乳、白糖、水淀粉各适量。

做法

1. 鸡蛋磕入碗中搅匀。
2. 锅中加适量水烧热，倒入罐装玉米和炼乳，加入白糖搅匀，中火熬2分钟，淋入鸡蛋液，搅拌均匀，用水淀粉勾芡即成。

做法支招：如果买不到罐装玉米，也可以用新鲜的甜玉米。

银鱼炒蛋

主料 银鱼200克，鸡蛋2个，韭菜15克。

调料 食用油、精盐、味精、料酒各适量。

做法

1. 银鱼洗净，沥干水分，加入料酒、精盐拌匀；鸡蛋磕入碗中，加精盐打匀；韭菜洗净，切碎。
2. 炒锅点火，倒油烧热，放入银鱼炒熟，淋入打匀的蛋液，翻炒均匀，使银鱼和蛋粘在一起，加入韭菜、料酒、味精，煸炒至熟，出锅装盘即可。

做法支招：在搅拌蛋液时加点水，可以让炒出的蛋口感更嫩。

赛螃蟹

主料 鸡蛋6个，鲜鱼肉250克。

调料 水淀粉、料酒、白醋、高汤、盐、食用油各适量。

做法

1. 鸡蛋磕入碗中打散；鲜鱼肉去骨、去刺，切丁，放盆中，加入料酒、盐、水淀粉抓匀上浆。
2. 锅中倒油烧至五六成热，放入鱼肉滑熟，捞出控油，放入蛋盆内。
3. 锅留底油烧热，倒入鱼肉鸡蛋液煸炒，炒至成形，加入高汤，小火炖至收汤，加入白醋炒匀即可。

营养小典：鸡蛋和鱼肉都含有丰富的蛋白质、维生素和矿物质。

菜心蛋花汤

主料 菜心50克，鸡蛋2个。

调料 高汤、盐各适量。

做法

1. 菜心洗净切段；鸡蛋磕开打散。
2. 锅中倒入高汤，加适量水烧开，放入菜心及少量盐，待水开后略煮片刻，淋入蛋液，煮至再沸即可。

营养小典：鸡蛋的蛋黄中含有较多的胆固醇及磷脂酰胆碱，这两种营养物质都是神经系统正常发育所必需的。孩子们最好每天都摄入1~2个鸡蛋。

香椿鸡蛋饼

主料 鸡蛋2个，鲜香椿200克，面粉25克。

调料 盐、食用油各适量。

做法

1. 香椿去根，择洗干净，放入沸水锅焯烫片刻，挤干水分，剁成末。
2. 鸡蛋磕入碗中，加水、香椿、盐、面粉搅打均匀。
3. 将面糊放入油热的平底锅中烙成煎饼，切块装盘即可。

做法支招：把握好面粉和水的比例，不要调得过稀。

鱼味蛋饼

主料 鸡蛋200克、猪肉50克。

调料 食用油、葱花、姜蒜末、番茄酱、盐、糖、米醋、味精、食用油各适量。

做法

1. 鸡蛋磕入碗中，加入盐、味精，米醋打散；猪肉洗净，剁碎。
2. 锅中倒油烧热，倒入鸡蛋液摊成饼状，煎至两面金黄，蛋饼熟，盛出装盘。
3. 锅留底油烧热，放入葱花、姜蒜末煸香，倒入番茄酱炒匀，放入肉粒翻炒均匀，加入盐、糖、味精炒至肉粒熟，倒在蛋饼上即可。

营养小典：把鸡蛋做成蛋饼，既香嫩又色泽红亮，可增强食欲，健脾开胃。

营养叉烧炒蛋饭

主料 鸡蛋2个，叉烧肉50克，米饭200克。

调料 葱花、香菜末、胡椒粉、盐、食用油各适量。

做法

1. 将叉烧肉切成丁；鸡蛋磕入碗中，加盐、胡椒粉搅匀。
2. 锅中倒油烧热，放入叉烧肉爆炒片刻，盛出。
3. 将叉烧肉、葱花倒入鸡蛋液中拌匀。
4. 锅留底油烧热，将米饭、拌好的鸡蛋液一齐倒入锅内，小火炒至蛋液凝固呈金黄色，出锅，撒上香菜末即可。

做法支招：叉烧肉已带有咸味，所以应斟酌口味适量加盐。

蒜香土豆泥

主料 土豆400克，牛奶200毫升。

调料 黄油、葱末、蒜末、精盐、胡椒粉各适量。

做法

1. 土豆洗净去皮，入锅，加入水和牛奶煮熟，盛出，压成土豆泥，加精盐、胡椒粉拌匀，扣入盘内。
2. 炒锅倒入黄油烧热，放入蒜末炒香，浇在土豆泥上，撒葱末即可。

做法支招：因土豆皮下的汁液富含蛋白质，所以削土豆时，只需削掉薄薄的一层皮，不要多削。

香辣土豆丁

主料 土豆300克，青椒、红椒、油酥碎花生各50克。

调料 食用油、精盐、醋、味精、葱姜末各适量。

做法

1. 土豆去皮洗净，切丁，用水浸泡20分钟；青椒、红椒均洗净，切丁。
2. 炒锅倒油烧热，放入土豆丁炸至呈金黄色，捞出沥油。
3. 锅留底油烧热，放入葱姜末、青椒、红椒爆香，放入土豆丁，加少许水，调入精盐、醋、味精，翻炒均匀，撒上油酥碎花生即可。

做法支招：油稍微多放一点，这样可以使土豆泥不易粘锅。

炸土豆丸子

主料 土豆300克，面粉50克。

调料 葱姜末、精盐、味精、五香粉、花椒盐、食用油各适量。

做法

1. 土豆洗净，煮熟，去皮，捣成泥状，加入面粉、五香粉、精盐、味精、葱姜末搅匀。
2. 锅中倒油烧至七成热，将土豆泥挤成小丸子，下入油锅炸透呈金黄色，捞出沥油，装盘，佐花椒盐上桌即可。

做法支招：土豆一定要多捣一阵子，要有黏性才行。

土豆炖牛肉

主料 牛肉500克，土豆250克。

调料 葱花、姜片、花椒、八角茴香、精盐、味精、料酒、清汤、食用油各适量。

做法

1. 牛肉洗净，切块，放入沸水锅汆烫片刻，捞出沥干；土豆去皮，切块，用水浸泡20分钟。
2. 锅中倒油烧热，放姜片、花椒爆香，放入牛肉炒干表面的水分，加入清汤、料酒、八角茴香，大火烧开，撇去浮沫，改小火烧至牛肉八成熟，放入土豆块、精盐、味精，烧至土豆入味酥烂，撒葱花即可。

做法支招：除了牛肉和土豆，也可适量添加胡萝卜、青椒等蔬菜，能丰富菜的营养价值。

香煎土豆饼

主料 土豆200克，西蓝花、面粉各50克，牛奶15毫升。

调料 盐、鸡精、食用油各适量。

做法

1. 土豆洗净，去皮，用擦菜板擦碎；西蓝花洗净，切小块，放入沸水锅焯烫片刻，捞出沥干。
2. 将土豆、西蓝花、面粉、牛奶混合在一起，搅匀。
3. 锅置火上，倒油烧热，倒入拌好的原料，煎成饼即可。

营养小典：土豆所含的粗纤维具有通便和降低胆固醇的作用，可以治疗习惯性便秘和预防血胆固醇增高。

清炒莴苣丝

主料 莴苣300克。

调料 花椒、鸡精、盐、食用油各适量。

做法

1. 莴苣去皮洗净，切丝。
2. 锅中倒油烧热，放入花椒炒香，放入莴苣丝，翻炒至熟，调入盐、鸡精，炒匀即可。

做法支招：如果不喜欢吃到花椒粒，可以选择用花椒油而不用花椒。

莴苣叶猪肉粥

主料 莴苣叶30克，猪肉150克，大米50克。

调料 香油、酱油、鸡精、盐各适量。

做法

1. 莴苣叶洗净，切丝；猪肉洗净切末，放入碗中，加入酱油、精盐拌匀腌渍10分钟；大米淘洗干净。
2. 锅中加适量清水，放入大米，大火煮沸，加入莴苣、肉末，改用小火煮至米烂汤稠，调入精盐、鸡精、香油拌匀，稍煮片刻即可。

营养小典：莴苣叶能增强胃液，刺激消化，增进食欲，并具有镇痛和催眠的作用。

芥菜炒蚕豆

主料 芥菜、鲜蚕豆各250克，猪肉50克。

调料 干椒丝、香油、盐、鸡精、食用油各适量。

做法

1. 芥菜洗净切碎；鲜蚕豆洗净，放入沸水锅焯烫片刻，捞出沥干；猪肉洗净，剁成肉末。
2. 锅中倒油烧热，放入干椒丝爆香，加入肉末、芥菜、蚕豆，翻炒至将熟，倒入少许水稍焖，加盐、鸡精、香油调味即可。

营养小典：蚕豆营养丰富，可以健脾除湿，通便凉血。蚕豆的种子、茎、叶、花、荚壳、种皮均可做药用。

芥菜滚鱼汤

主料 芥菜200克，大眼鱼1条(约500克)。

调料 姜片、盐、食用油各适量。

做法

1. 芥菜洗净，切段。
2. 大眼鱼宰杀洗净，加盐腌制片刻，放入热油锅煎至两面微黄，盛出。
3. 汤煲中倒入适量水，放入姜片、大眼鱼，中火煮20分钟，加入芥菜煮沸，加盐调味即可。

营养小典：芥菜组织较粗硬、含有胡萝卜素和大量膳食纤维，有明目与宽肠通便的作用。

炒茼蒿

主料 茼蒿400克。

调料 姜末、盐、鸡精、胡椒粉、料酒、豆豉、鲜汤、食用油各适量。

做法

1. 茼蒿洗净，切段。
2. 锅内倒油烧热，放入姜末、豆豉煸香，加入茼蒿炒软，放盐、鸡精翻炒均匀，倒入鲜汤，煮至茼蒿软糯，撒胡椒粉即可。

做法支招：茼蒿必须放汤煮烂才会软糯；必须配豆豉，才会有特殊的鲜味。

冬菇扒茼蒿

主料 茼蒿300克，冬菇100克。

调料 食用油、葱段、蒜片、香油、料酒、精盐、鸡精、水淀粉各适量。

做法

1. 茼蒿洗净切段，放入沸水锅焯烫片刻，捞出沥干；冬菇洗净，切片。
2. 锅中倒油烧至七成热，放入葱段、蒜片爆香，放入冬菇，翻炒至断生，放入茼蒿、料酒、精盐煸炒至熟，用水淀粉勾芡，淋香油，加鸡精调味即可。

营养小典：茼蒿中一般的营养成分无所不备，尤其胡萝卜素的含量极高，是黄瓜、茄子含量的20~30倍。

茼蒿炒肉丝

主料 茼蒿300克，瘦猪肉100克。

调料 葱花、姜丝、酱油、香油、盐、鸡精、食用油各适量。

做法

1. 茼蒿洗净，切段；猪肉洗净，切丝。
2. 锅内倒油烧热，放入肉丝煸炒至肉色变白，放入葱花、姜丝炒香，烹入酱油，放入茼蒿，大火翻炒至断生，加盐、鸡精炒匀，淋香油即可。

做法支招：茼蒿中的芳香精油遇热非常容易挥发，烹调的时候要用大火快炒，以避免减弱茼蒿的健胃作用。

粉蒸茼蒿

主料 茼蒿300克，面粉50克。

调料 盐、味精、蒜蓉、醋、辣椒油各适量。

做法

1. 茼蒿洗净，切段。
2. 茼蒿放入大碗中，加入面粉抓拌均匀，加盐、味精拌匀，上笼蒸5分钟，取出。
3. 蒜蓉、醋、辣椒油同入小碗中调成味汁，随菜上桌即可。

营养小典：茼蒿有清血、养心降压的功效。

夏季养心菜

夏季炎热，湿邪过重，易伤阳气。饮食上注意进补不得太肥甘厚味，要多食豆类食品，来解暑利湿，健脾益肾。

要多吃些猪肝、猪心、猪肾、羊血、羊心、鸭肉等，煲成汤汁更好，多吃一些夏季生长的蔬菜，红色的为好，还有水果、大枣、酸枣、豆类、核桃仁、莲子心、冬瓜子、百合、蜂蜜、豆类等，不要喝酒、浓茶、咖啡，不宜多食辣味、肥肉等，不要吃过于寒凉的食物，以免伤脾胃。

要多补充一些五谷杂粮(玉米、高粱、小米)、山楂、香菇、豆制品、木耳、银耳、紫菜、海带、瘦肉等。

多吃一些清淡解暑、利湿、健脾益肾的食物，如青菜、豆浆、牛奶、西瓜、冬瓜、苦瓜、莲藕、土豆、番茄、花生油、鸡血、糯米等，不要多吃油炸食物、辛辣食品、醋、浓茶、酒、蟹、蚌、豆类等。可以吃一些凉拌菜，少吃甘味，稍稍吃咸一点，但不能太过，以免伤肾。

夏季要多吃各种粥类，炖菜，煮菜，汤煲，烂面条等。乳类、甜菜、姜汁、薏米等都是很好的夏季食物。

小炒猪心

主料 猪心250克，芹菜150克。

调料 剁辣椒、葱花、姜丝、蒜末、胡椒粉、鸡精、料酒、生抽、盐、食用油各适量。

做法

1. 猪心洗净，切片，加入料酒、胡椒粉、鸡精拌匀腌制20分钟；芹菜洗净，切段。
2. 锅中倒油烧热，放入猪心，大火爆炒至猪心变色，继续翻炒2分钟，加入姜丝、蒜末、剁辣椒炒匀，放入芹菜段翻炒2分钟，加盐调味，放入葱花、生抽炒匀即可。

营养小典：猪心味甘咸、性平，归心经，养血安神、补血，用于惊悸、怔忡、自汗、不眠等症。

龙实猪心煲

主料 猪心200克，龙眼肉15克，芡实50克。

调料 盐、料酒、清汤各适量。

做法

1. 龙眼肉、芡实均洗净；猪心洗净，一切两半，放入沸水锅氽烫片刻，切成小片。
2. 砂锅内放清汤、料酒、猪心，大火烧开，撇去浮沫，加芡实、龙眼肉，小火炖至猪心熟透，加盐调味即成。

做法支招：猪心要去掉脂膜，切去头上的血管。

口蘑猪心煲

主料 猪心、口蘑各200克，水发木耳25克。

调料 盐、料酒、酱油、清汤各适量。

做法

1. 口蘑洗净，去柄；猪心洗净，切成两半，放入沸水锅氽烫片刻，切成小块；水发木耳洗净，撕成小朵。
2. 砂锅内放清汤、料酒、猪心，大火烧开，撇去浮沫，改小火炖至猪心八成熟，加酱油、盐、口蘑、木耳，炖至口蘑熟即成。

营养小典：该菜可以补气安神，增强记忆。

菜心沙姜猪心

主料 猪心300克，菜心150克。

调料 沙姜、盐、料酒、酱油、食用油各适量。

做法

1. 菜心洗净，切段；猪心、沙姜均洗净，切片。
2. 锅中倒油烧热，放入猪心炒至变色，淋入料酒翻炒均匀，放入菜心、沙姜炒匀。调入盐、酱油，炒熟即可。

做法支招：要想猪心吃起来不韧的话，可以迟一点放猪心，炒出来的猪心就会更香脆可口。

马蹄炒猪心

主料 猪心200克，尖椒、马蹄各50克。

调料 葱花、姜末、盐、味精、酱油、料酒、糖、水淀粉、胡椒粉、食用油各适量

做法

1. 猪心剖开洗净，切片，加盐，料酒、水淀粉拌匀上浆；尖椒、马蹄均洗净切片。
2. 锅中倒油烧热，放入猪心滑散，出锅前将尖椒片、马蹄片一并滑散，盛出。
3. 锅留底油烧热，加盐、味精、葱花、姜末、糖、胡椒粉、酱油和少量水，用水淀粉勾芡，倒入猪心片，尖椒片、马蹄片，翻炒均匀即可。

做法支招：猪心滑油的温度不宜太高。

党参猪心煲

主料 猪心200克，水发木耳25克，党参、琥珀粉各5克，枸杞子10克。

调料 盐、料酒、清汤各适量。

做法

1. 猪心洗净，切成两半，放入沸水锅烫透，切块；水发木耳、枸杞子均洗净。
2. 砂锅内放清汤、料酒、猪心，大火烧开，撇去浮沫，放入木耳、党参、琥珀粉，小火炖约2小时，加枸杞子略烧，用盐调味即可。

营养小典：该菜可以益气补脾，宁心安神，适宜心脾两虚型风湿性心脏病患者。

琥党猪心煲

主料 山药300克，猪心100克，琥珀粉、党参各5克。

调料 盐、料酒、清汤各适量。

做法

1. 猪心洗净，切成两半，放入沸水锅烫透，切成小块；山药去皮，洗净，切块。
2. 砂锅内放清汤、料酒、猪心，大火烧开，撇去浮沫，放入山药、琥珀粉、党参，小火炖至猪心熟烂，加盐调味即可。

营养小典：此煲具有补脾益心，滋阴补肾的功效。

大枣猪心煲

主料 熟猪心250克，去核大枣100克。

调料 高汤、料酒、姜块、葱段、盐、味精各适量。

做法

1. 熟猪心切片；大枣洗净。
2. 砂锅中放入熟猪心片、大枣和高汤，加入料酒、姜块、葱段，大火煮沸，撇去浮沫，加盖炖20分钟，加盐、味精调味即可。

营养小典：猪心是一种营养十分丰富的食品。它含有蛋白质、脂肪、钙、磷、铁、维生素B_1、维生素B_2、维生素C以及烟酸等，对加强心肌营养，增强心肌收缩力有很大的作用。

桃仁腰花

主料 猪腰400克，核桃仁50克，鸡蛋清50克。

调料 姜片、葱段、淀粉、料酒、盐、食用油各适量。

做法

1. 猪腰洗净，切块，加料酒、盐、姜片、葱段拌匀；核桃仁用水泡涨，剥去外皮，切丁；淀粉加鸡蛋清调匀。
2. 锅中倒油烧至六成热，将核桃仁丁摆在腰块上，裹上鸡蛋清，入锅炸成浅黄色，捞出。
3. 全部炸完后，待油温升至八成热，再将全部腰块倒入油锅内复炸片刻，沥油装盘即可。

营养小典：桃仁猪腰不但补肾，而且还可以养气养血。

淮山腰片汤

主料 冬瓜、猪腰各200克，黄芪、淮山药各20克，干香菇10克。

调料 葱段、姜块、盐、料酒、高汤各适量。

做法

1. 冬瓜去皮、去子，切块；干香菇泡发洗净；猪腰洗净，去掉胰腺，放入沸水锅汆烫片刻，捞出沥干。
2. 锅中倒入高汤，加入葱段、姜块、冬瓜、黄芪，小火煮40分钟，放入猪腰、香菇、淮山药，倒入料酒，煮熟后加盐调味，再煮片刻即可。

做法支招：适量料酒可以去除猪腰的腥臊味。

木耳烧猪腰

主料 猪腰300克，水发木耳、水发黄花菜各50克，大枣10克。

调料 葱花、姜末、香菜末、酱油、水淀粉、料酒、糖、鸡精、盐、食用油各适量。

做法

1. 猪腰洗净，剥去外膜，切花刀；大枣洗净，泡软去核；水发木耳、水发黄花菜均洗净。
2. 锅内倒油烧热，放入姜末、葱花爆香，加入糖、料酒、盐和适量水烧沸，放入腰花、大枣、木耳、黄花菜，略煮几分钟，加酱油，鸡精炒匀，用水淀粉勾芡，撒上香菜末即可。

营养小典：猪腰就是猪的肾脏，有养肾益精的功效。

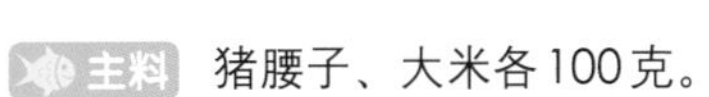

猪腰粥

主料 猪腰子、大米各100克。

调料 葱花5克，盐适量。

做法

1. 将猪腰洗净，剖成两瓣，切去中间臊腺，切片；大米淘洗干净。
2. 锅置火上，倒入适量水，放入猪腰，加入葱花煮开，倒入大米，煮至粥成，加盐调味即可。

营养小典：猪腰子含有丰富的蛋白质、维生素和矿物质，具有养阴、健腰、补肾、理气等功效。对孕妈妈肾虚、尿频症状有很好的缓解作用。

猪腰薏米粥

主料 猪腰、薏米各150克，干香菇10克。

调料 葱末、精盐、料酒各适量。

做法

1. 薏米洗净，用水浸泡12小时；干香菇用温水泡发，洗净去蒂，水留用；猪腰除去筋膜和臊腺，切丁，放入沸水锅汆烫片刻，捞出沥水。
2. 薏米、香菇同入锅中，加入泡香菇的水和适量清水，煮至薏米熟烂，加入猪腰、料酒略煮，加精盐调味，撒葱末拌匀即可。

做法支招：薏米要充分浸泡在水里至少8小时才能泡软，食用才能发挥美容养颜的功效；猪腰的处理也要仔细去除白膜，才不会破坏粥的美味。

焯拌鸡腿肉

主料　鸡腿肉200克，黄瓜50克。

调料　葱叶、姜片、葱花、姜蒜末、醋、酱油、豆瓣酱、香油各适量。

做法

① 鸡腿肉洗净；黄瓜洗净，切片，摆在盘边。

② 锅中倒入适量水，放入葱叶、姜片、鸡腿肉，煮至肉熟，捞出切片。

③ 将鸡腿肉、葱花、姜蒜末、醋、酱油、豆瓣酱、香油拌匀，倒在黄瓜盘中即可。

做法支招：煮鸡腿的时候剩下的汤是很好的调料，将汤过滤后冷冻起来，用来煮面、下馄饨都非常美味。

养身盖骨童子鸡

主料　猪腿骨100克，净童子鸡600克，大枣、蚕豆各15克。

调料　姜片、盐、味精、胡椒粉、清汤、食用油各适量。

做法

① 猪腿骨洗净，一剁两节，放入沸水锅汆烫片刻，捞出沥干；童子鸡宰杀洗净。

② 锅中倒油烧热，放入姜片炒香，加入猪腿骨、清汤、大枣、蚕豆，大火烧开，加少许盐，改小火煨至蚕豆半熟，放入童子鸡，煨至鸡肉熟透，加盐、味精、胡椒粉调味即可。

营养小典：童子鸡更容易被人体的消化器官所吸收，有增强体力、强壮身体的作用。

河蚌炖风鸡

主料　风鸡、河蚌肉各250克，莴笋100克。

调料　葱段、姜丝、精盐、料酒、胡椒粉各适量。

做法

① 风鸡洗净，剁成块，入锅汆烫后捞出；河蚌肉洗净，切块；莴笋去皮洗净，切块。

② 砂锅中放入适量水，放入葱段、姜丝、料酒、风鸡块，大火烧沸，改小火炖1小时，加入河蚌肉、莴笋块、料酒、精盐，大火烧沸，改中火炖10分钟，撒胡椒粉即可。

营养小典：风鸡是腌制风干的鸡。鸡杀后不去毛，除去内脏，在腹内抹上花椒、盐等，风干而成。其特色是腊香馥郁，鸡肉鲜嫩。

麻油鸡

主料 嫩鸡750克。

调料 葱花、蒜片、盐、鸡精、香油、料酒、糖、酱油、醋各适量。

做法

1. 嫩鸡宰杀洗净，切块，放入沸水锅汆烫片刻，捞出沥干。
2. 锅中倒香油烧热，放入葱花、蒜片爆香，加入鸡块翻炒片刻，加适量水，大火煮沸，改小火煮至鸡块将熟，加盐、鸡精、料酒、糖、酱油、醋调味即可。

做法支招： 麻油鸡是我国福建、台湾等地较常选用的健康食品，特别是产妇月子期间，可酌情食用。

三杯鸡

主料 嫩鸡750克。

调料 姜块、蒜片、料酒、酱油、香油、糖、盐各适量。

做法

1. 嫩鸡洗净，切块，入锅汆烫片刻，捞出沥干。
2. 锅内倒香油烧至六成热，放入姜块煸香，加入鸡块、蒜片翻炒均匀，加入料酒、酱油、糖、盐和少许水，盖上锅盖，焖至汤汁收干即可。

做法支招： 三杯鸡中的“三杯”是指香油、料酒、酱油各1杯。因为酱油中有盐分，所以盐要少放点。现代饮食讲求健康，反对重盐、重油，因此自己在家烹制此菜肴时可减少调料的用量。

酒醉三黄鸡

主料 三黄鸡1000克。

调料 葱段、姜块、白酒、料酒、盐、椒盐各适量。

做法

1. 三黄鸡宰杀洗净，放入沸水锅汆烫后捞出冲净。
2. 锅中倒入适量水，加入葱段、姜块、白酒，大火煮20分钟，熄火凉凉。
3. 取部分煮鸡的汤，加入等量料酒、椒盐、盐调匀，放入三黄鸡，用保鲜膜封口，放冰箱冷藏。
4. 吃时取出切块，将泡鸡的汤汁加热，淋在鸡块上即可。

做法支招： 三黄鸡皮薄肉细，水煮后口感松嫩，滋养身体。

黄花鸡柳

主料 鸡胸肉300克，干黄花菜、红椒、青椒各25克，鸡蛋清60克。

调料 香葱段、姜蒜末、胡椒粉、水淀粉、味精、料酒、糖、盐、香油、食用油各适量。

做法

1. 鸡胸肉洗净，切丝，加入鸡蛋清、盐、味精、香油、胡椒粉、淀粉腌渍上浆；干黄花菜用水泡发，洗净；红椒、青椒均切丝。
2. 锅内倒油烧热，放入香葱段、姜蒜末煸香，加入鸡丝翻炒至变色，加入黄花菜炒匀，加盐、味精、料酒、糖调味，用水淀粉勾芡即可。

做法支招：泡发干黄花菜的时候要注意泡发的水要经常换，这样才能保证没有异味。

清炖啤酒鸡

主料 嫩鸡750克，啤酒1000毫升。

调料 葱段、姜块、料酒、糖、鸡汤、盐、味精、食用油各适量。

做法

1. 嫩鸡宰杀洗净，剁块，放入沸水锅汆烫片刻，捞出沥干。
2. 锅内倒油烧熟，放入葱段、姜块煸香，倒入鸡块炒至断生，烹入料酒，继续煸炒，加入鸡汤、啤酒、盐、味精、糖，小火炖至鸡肉酥烂即可。

做法支招：如果是酒量不好的人，可以将啤酒少放一些。另外多炖煮一些时候，可以让酒精挥发掉。

酱爆鸡丁

主料 鸡胸肉400克，鸡蛋清30克。

调料 香菜段、水淀粉、糖、甜面酱、料酒、食用油各适量。

做法

1. 鸡胸肉洗净，切丁，加入鸡蛋清、水淀粉、料酒抓匀上浆。
2. 锅中倒油烧热，放入鸡丁滑炒至变白色，捞出沥油。
3. 锅留底油烧热，放入甜面酱、糖，炒至起泡、出香味，加入鸡丁翻炒均匀，待酱汁完全裹住鸡丁、呈金黄色、油明亮，撒香菜段即可。

做法支招：制作这道菜的时候要注意，甜面酱有咸度，所以无须再加盐。

软炸鸡

主料 鸡胸400克，鸡蛋1个。

调料 葱段、姜片、糖、料酒、淀粉、番茄酱、盐、鸡精、食用油各适量。

做法

1. 鸡胸洗净，切片，加葱段、姜片、料酒、盐、糖、鸡精腌拌均匀；鸡蛋磕入碗中打散，加淀粉调成糊状。
2. 锅中倒油烧至六七成热。将鸡片拌匀蛋糊，逐片放入油锅中炸至呈金黄色，捞出放在碟内，佐番茄酱食用即可。

营养小典：鸡胸的脂肪含量比较少，而且其中的蛋白质比较容易被人体消化吸收，可以提高机体的免疫能力。

虫草人参炖乌鸡

主料 乌鸡1只(约500克)，虫草、人参各10克。

调料 葱、姜、料酒、清汤、盐、味精各适量。

做法

1. 乌鸡宰杀洗净，放入沸水锅氽去血污，捞出冲凉；虫草用温水浸泡；葱、姜均洗净，拍松。
2. 砂锅中放入乌鸡、人参、虫草、料酒、葱、姜和清汤，大火烧开，改小火炖2小时，加入盐、味精调味即可。

营养小典：虫草就是冬虫夏草，并不是一种动物，而是菌类。乌鸡不单单是女性的滋补品，而且还可以提高生理功能、延缓衰老、强筋健骨，对防治骨质疏松、佝偻病、缺铁性贫血症等有明显功效。

杜仲鸡

主料 乌鸡1只(约500克)，炒杜仲30克。

调料 盐适量。

做法

1. 乌鸡宰杀洗净；炒杜仲装入纱布袋中，放入鸡腹内。
2. 砂锅中倒入适量水，放入乌鸡，大火煮沸，改小火煮至鸡肉熟烂，取出杜仲，加适量盐调味即可。

做法支招：炒杜仲可在中药店购得。

翡翠凤爪

主料 鸡爪300克，青椒、红椒各20克。

调料 蒜末、料酒、卤汁、盐、鸡精各适量。

做法

1. 青椒、红椒均洗净，切块，放入沸水锅焯熟，捞出凉凉，摆在盘边；鸡爪洗净。
2. 净锅上火，下入鸡爪、卤汁、料酒和适量水，大火烧沸，改小火焖至鸡爪熟烂，加入蒜末、盐、鸡精调味，熄火，待其冷却，盛入青红椒盘中即可。

做法支招：挑选鸡爪的时候要挑选肉质肥厚，摸起来有弹性、闻起来没有异味的。

熏凤爪

主料 鸡爪300克，茶叶30克。

调料 葱段、姜块、八角茴香、花椒、桂皮、白糖、盐、鸡精各适量。

做法

1. 鸡爪洗净，去皮，剁去爪尖，放入沸水锅焯烫片刻，捞出沥干。
2. 锅中倒入适量水，放入盐、鸡精、八角茴香、花椒、桂皮、葱段、姜块，大火烧开，放入鸡爪，小火慢煮25分钟，离火浸泡15分钟，捞出。
3. 熏锅置火上，加白糖、茶叶，放入鸡爪，盖上锅盖，熏30秒即可。

做法支招：为了避免茶叶泡开后沾得鸡爪上都是，可以用纱布将茶叶包裹起来。

豆苗滑鸡腿

主料 鸡腿肉200克，豆苗、木耳各50克。

调料 姜丝、白糖、水淀粉、番茄酱、盐、剁椒、食用油各适量。

做法

1. 鸡腿肉洗净，去骨，切块，加盐、水淀粉腌渍10分钟，放入沸水锅氽熟，捞出。
2. 豆苗洗净，切段；木耳泡发洗净，撕成小朵。
3. 锅内倒油烧热，放入姜丝爆香，加入剁椒、番茄酱炒香，加入适量水，大火烧开，放入鸡肉，加白糖、盐，小火炖至汤汁稠，放入木耳、豆苗，翻拌均匀即可。

营养小典：夏天食用此菜，可以清热解毒，防止上火。

生煎鸡翅

主料 鸡翅200克，菜心100克。

调料 蒜泥、料酒、酱油、糖、鸡精、盐、食用油各适量。

做法

1. 鸡翅洗净，在两面剞十字花刀，加料酒、酱油、糖、鸡精拌匀腌制片刻；菜心洗净，入锅焯熟，捞出沥水，摆盘中。
2. 料酒、酱油、糖、盐、鸡精同入碗中调成味汁。
3. 锅中倒油烧热，放入鸡翅，一面煎3分钟，淋入味汁，翻面再煎3分钟，淋入味汁，盖盖稍焖，盛入菜心盘中即可。

营养小典：鸡翅有温中益气、补精添髓、强腰健胃等功效。

墨鱼鸡肉饭

主料 母鸡1只(约750克)，墨鱼100克，大米、小米各100克。

调料 酱油适量。

做法

1. 母鸡宰杀洗净，剁块；墨鱼洗净，切圈；大米、小米均淘洗干净。
2. 母鸡、墨鱼一同放入砂锅中，加水炖熟，倒出浓汤，鸡肉、墨鱼留用。
3. 浓汤倒入电饭煲中，放入大米、小米煮至饭成，佐鸡肉、墨鱼，蘸酱油食用即可。

营养小典：墨鱼是一种高蛋白、低脂肪滋补食品，对小腿水肿、抽筋的症状有一定的缓解作用。

南京盐水鸭

主料 光鸭1只(约1000克)。

调料 葱段、姜块、盐、椒盐、料酒、八角茴香、蒜泥各适量。

做法

1. 光鸭洗净，用盐内外擦遍，腌3小时，放入沸水锅氽烫片刻，捞出沥干。
2. 锅中倒入适量水，放入八角茴香烧沸，放入盐、姜块、葱段、料酒、鸭子，大火烧沸，改小火焖至鸭肉熟，改刀成块，淋上原汁，蘸蒜泥食用即可。

营养小典：鸭肉蛋白质含量比其他畜肉含量高得多，脂肪含量适中且分布较均匀。

馄饨鸭

主料 光鸭1只(约1000克)，猪肉馄饨150克。

调料 料酒、盐、葱段、姜片、味精、香油各适量。

做法

① 光鸭宰杀洗净,放入沸水锅汆烫片刻,捞出冲净。

② 砂锅底部放竹垫，将光鸭放在竹垫上，加葱段、姜片、料酒和适量水，大火烧沸，撇去浮沫，改小火焖烧2小时，待鸭子酥烂，加入盐、味精调味,放入馄饨,煮至馄饨浮起,淋香油即可。

营养小典：鸭肉中的脂肪酸熔点低，易于消化。所含B族维生素和维生素E较其他肉类多，能有效抵抗脚气病，神经炎和多种炎症，还能抗衰老。

京葱炒烤鸭丝

主料 烤鸭肉200克，京葱100克。

调料 食用油、甜面酱、精盐、味精、料酒、水淀粉各适量。

做法

① 烤鸭肉切丝；京葱洗净，切丝。

② 锅置火上，倒油烧热，加甜面酱、料酒炒匀，放入烤鸭丝、京葱丝，加精盐、味精调味，用水淀粉勾芡即可。

做法支招：烤鸭肉可连皮一起烹调。

红烧鸭膀

主料 鸭翅400克，红尖椒10克。

调料 葱姜末、花椒、料酒、酱油、味精、白糖、清汤、盐、香油各适量。

做法

① 鸭翅洗净，放入开水锅煮3分钟，捞出沥干；红尖椒洗净，切圈。

② 将鸭膀放入砂锅内，加入葱姜末、花椒、清汤、料酒、盐、白糖、味精、酱油，大火烧开，改小火烧45分钟。加入香油，转大火收干卤汁，剁块装盘，撒红椒圈即可。

做法支招：新鲜鸭翅的外皮色泽白亮或呈米色，并且富有光泽，无残留毛及毛根，肉质富有弹性，并有一种特殊的鸭肉鲜味。

湘版麻辣鸭

主料 光鸭1只(约1000克)，红尖椒20克。

调料 姜片、蒜片、豆瓣、食用油、花椒粉、白酒、蚝油、盐、鸡精各适量。

做法

1. 光鸭宰杀洗净，剁块；红尖椒洗净，切圈。
2. 锅置火上，倒油烧热，放入鸭块炒干水汽，盛出。
3. 锅内倒油烧热，放入鸭块爆炒片刻，淋入白酒，翻炒均匀，盛出。
4. 锅留底油烧热，放入姜片炒香，加入豆瓣炒匀，加入鸭块，翻炒至入味，放入蒜片、红椒圈，加入蚝油、花椒粉、鸡精、盐，炒匀即可。

做法支招：要选用未成年的嫩子鸭，容易炒熟且肉质嫩。

焖鸭子

主料 鸭子500克，红尖椒15克。

调料 香菜段、葱段、姜片、冰糖、料酒、酱油、桂皮、糖、盐、水淀粉、香油各适量。

做法

1. 鸭子洗净；红尖椒洗净，切圈。
2. 将鸭子放锅内，加入水、盐、酱油、冰糖、桂皮、葱段、姜片，大火烧沸，加料酒，改小火烧约1小时，再将鸭身翻转后移至小火续烧30分钟，淋香油，取出鸭子，摆盘中。
3. 原锅卤汁烧沸，用水淀粉勾芡，淋在鸭子上，撒香菜段、红椒圈即可。

做法支招：也可以将鸭子剁成条再装盘。

干锅板鸭煮莴笋

主料 板鸭1只，莴笋100克。

调料 姜片、蒜蓉、蚝油、陈醋、鲜汤、盐、味精、食用油各适量。

做法

1. 莴笋去皮洗净，切条。
2. 板鸭放入蒸笼，大火蒸1小时，取出放凉，切条，放入沸水锅大火汆1分钟，捞出控水。
3. 锅内倒油热后，放入蒜蓉、姜片煸香，放入板鸭翻炒片刻，加入鲜汤，调入盐、味精、蚝油、陈醋，大火烧开，加入莴笋，烧至菜熟，汤汁收干即可。

营养小典：板鸭有腊板鸭与春板鸭，前者的产季是小雪至立冬，后者是立春至清明，质量以前者为佳。

白菜炒鸭片

主料 大白菜、鸭肉各200克。

调料 姜丝、蒜片、香油、料酒、水淀粉、盐、食用油各适量。

做法

1. 大白菜洗净，切片；鸭肉切片，加料酒拌匀腌制20分钟。
2. 锅内烧油至七成热，放入鸭肉片炒至八成熟，盛出。
3. 锅留底油烧热，加入姜丝、蒜片、大白菜片，中火炒至快熟，放入鸭肉片，加盐炒透，加入水淀粉勾芡，淋香油，翻炒均匀即可。

饮食宜忌：鸭肉性寒，应搭配姜、蒜等调料烹煮。

橙味卤鸭翅

主料 熟卤鸭翅200克，浓缩鲜橙汁100毫升。

调料 白糖、盐、鸡精、水淀粉各适量。

做法

1. 卤鸭翅取中段。
2. 浓缩鲜橙汁加水调匀，倒入锅内烧开，加盐、白糖、鸡精调味，倒水淀粉勾芡，淋在鸭翅上即可。

营养小典：鸭翅中含有丰富的胶原蛋白，有美容除皱的功效。但是要注意，翅膀、脖子这样的部位淋巴结也比较多，所以不要过量吃。

凉拌鸭舌

主料 鸭舌200克，黄瓜50克。

调料 胡椒粉、料酒、生抽、花椒油、姜汁、清汤、盐、味精各适量。

做法

1. 鸭舌洗净，入锅，加姜汁、清汤煮熟，捞出。
2. 黄瓜洗净，切斜片，码盘。
3. 鸭舌加盐、味精、料酒、胡椒粉、生抽、花椒油拌匀稍腌，摆在黄瓜片上即可。

营养小典：鸭舌含有对人体生长发育有重要作用的磷脂类，对神经系统和身体发育有重要作用，对老年人智力衰退也有一定的预防作用。

美味鸭肫

主料 鸭肫400克。

调料 蒜泥、葱段、姜块、卤汁、白糖、香油、酱油各适量。

做法

1. 鸭肫洗净，用开水汆烫1分钟，捞出冲凉。
2. 锅中倒入卤汁，放入葱段、姜块，大火煮沸，改小火煮5分钟，放入鸭肫，煮30分钟，捞起沥干，切片。
3. 蒜泥、白糖、香油、酱油同入碗中调匀，加入鸭肫拌匀即可。

营养小典：鸭肫铁元素含量较丰富，女性可以适当多食用一些。

麻辣鸭肫

主料 鸭肫350克，花生末、熟芝麻各10克。

调料 葱花、姜末、蒜末、酱油、味精、辣椒油、料酒、香油、白糖、花椒粉、盐各适量。

做法

1. 鸭肫洗净，放入沸水锅，加料酒，煮至鸭肫熟，捞出沥干，切片，装大碗中。
2. 将酱油、味精、盐、辣椒油、花椒粉、香油、姜蒜末、白糖、葱花、花生末、熟芝麻倒入鸭肫碗中，拌匀即可。

营养小典：胃病患者食用鸭肫可帮助促进消化，增强脾胃功能。

土豆鲜蘑沙拉

主料 土豆200克，蘑菇150克，胡萝卜、黄瓜各50克。

调料 芥末酱、白醋、香油、胡椒粉、辣椒粉、盐适量。

做法

1. 土豆、胡萝卜分别去皮洗净；蘑菇洗净；三种原料同入锅煮熟，捞出凉凉，切丁。
2. 黄瓜去皮、瓤，洗净，切丁，和蘑菇、土豆、胡萝卜同倒入大碗中，加全部调料拌匀即成。

营养小典：土豆含有丰富的维生素B_1、维生素B_2、维生素B_6和泛酸等B族维生素及大量的优质纤维素，还含有微量元素、蛋白质、脂肪和优质淀粉等营养元素。

酸辣土豆丝

主料 土豆300克，青椒、红椒各25克。

调料 食用油、葱丝、花椒、干椒丝、精盐、味精、香醋、香油各适量。

做法

① 土豆削皮，切丝，泡在水中洗去淀粉，炒前捞出，沥干水分；青椒、红椒均洗净，切丝。

② 炒锅上火，倒油烧热，放葱丝、花椒、干椒丝炒香，加入青椒丝、红椒丝、土豆丝，翻炒至八成熟，加入精盐、味精调味，淋上香油、香醋，炒熟即可。

做法支招：煸炒过程中淋些水，以防土豆丝炒干、炒老。

土豆小炒肉

主料 土豆250克，猪肉100克，红椒15克。

调料 盐、味精、水淀粉、酱油、食用油各适量。

做法

① 土豆洗净，去皮，切小块；辣椒洗净，切菱形片。

② 猪肉洗净，切片，加盐、水淀粉、酱油拌匀。

③ 锅中倒油烧热，放入辣椒炒香，放肉片煸炒至变色，放土豆翻炒片刻，加少许水炒至菜熟，加酱油、盐、味精调味即可。

做法支招：经过腌制的肉更入味，味道更佳。

土豆烧肥牛

主料 肥牛肉、土豆各150克，蒜薹、红椒各25克。

调料 食用油、精盐、味精、酱油各适量。

做法

① 肥牛肉洗净，切块；土豆去皮洗净，切块；蒜薹洗净，切段；红椒洗净，切片。

② 炒锅倒油烧热，放入肥牛肉煸炒至变色，捞出沥油。

③ 锅留底油烧热，加入土豆翻炒片刻，放入肥牛肉、蒜薹炒香，倒入适量水，加入精盐、味精、酱油调味，烧熟即可。

做法支招：应挑选表面光滑、不伤不烂、无虫眼、无病斑、个体较大的土豆。

薏米莲子粥

主料 薏米、粳米各100克，莲子10克。

调料 冰糖适量。

做法

1. 莲子洗净，泡开后剥皮去心；薏米、粳米均淘洗干净。
2. 锅内倒入水，放入薏米、粳米，大火烧沸，改小火煮至五成熟，放入莲子，煮至薏米、粳米开花发黏，莲子内熟，加冰糖搅匀即可。

营养小典：薏米能促进体内血液和水分的新陈代谢，有活血、调经止痛、利尿、消水肿的作用。

薏米牛蒡汤

主料 牛蒡、薏米、樱桃萝卜、冻豆腐各50克，芹菜末少许。

调料 姜片、盐各适量。

做法

1. 薏米洗净，用水浸泡8小时；牛蒡去皮洗净，切片；樱桃萝卜洗净，切片；冻豆腐切片。
2. 锅中放入适量水、牛蒡片、薏米，大火滚开，改小火煮约20分钟，放入樱桃萝卜、冻豆腐、姜片煮滚，加盐调味，起锅前撒上芹菜末即可。

做法支招：洗后泡水，使薏米粒能充分吸收干净水分，薏米才好吃。

南瓜薏米粥

主料 南瓜、净鱼肉各50克、薏米150克。

调料 盐、料酒各适量。

做法

1. 薏米淘洗干净，用水浸泡8小时；南瓜去皮，洗净，切块；净鱼肉切小块，用料酒腌制20分钟。
2. 锅中倒入适量水，放入薏米、南瓜块，熬煮成薏米粥，倒入鱼肉，煮至粥成，加盐调味即可。

营养小典：薏米含有丰富的B族维生素和多种维生素和矿物质，有促进新陈代谢和减少胃肠负担的作用。

酥炸番茄

主料 番茄300克，鸡蛋2个，面粉、面包渣各25克。

调料 柠檬汁、番茄酱、盐、白糖、白醋、淀粉、食用油各适量。

做法

1. 番茄洗净，切片；鸡蛋磕入碗中，加淀粉、面粉搅拌均匀。
2. 将番茄逐个裹匀鸡蛋液、蘸匀面包渣。
3. 锅中倒油烧热，放入番茄炸呈金黄色，捞出沥油，码盘内。
4. 锅留底油烧热，放番茄酱，柠檬汁、盐、白糖、白醋和适量水烧开，淋在番茄上即可。

做法支招：要摁实面包渣以防脱落。

糖醋熘番茄

主料 番茄400克，面粉50克，鸡蛋1个。

调料 精盐、味精、胡椒粉、白糖、水淀粉、料酒、米醋、香油、高汤、食用油各适量。

做法

1. 番茄洗净，用热水烫后去皮，切瓣；鸡蛋加入淀粉、面粉调成全蛋糊。
2. 将番茄裹匀蛋糊，入热油锅炸呈金黄色，捞出沥油，装盘。
3. 锅中加入高汤、精盐、味精、胡椒粉、料酒、米醋、白糖，用水淀粉勾薄芡，淋入香油，起锅浇在番茄上即成。

营养小典：番茄经过加热后，可产生大量的番茄红素，有助消化和利尿的功效。

八福番茄

主料 番茄、鸡脯肉、冬笋、冬菇、虾肉、黄瓜各50克，鸡蛋2个。

调料 葱花、精盐、料酒、花椒粉、味精、清汤、食用油各适量。

做法

1. 番茄切块；鸡蛋磕入碗中打散，倒入热油锅炒熟，盛出；鸡脯肉、虾肉、冬菇、冬笋、黄瓜均洗净，切丁。
2. 将鸡脯肉、虾肉、冬菇、冬笋同入锅炒熟。
3. 另锅倒油烧热，放入番茄煸熟，加入鸡脯肉、虾肉、冬菇、冬笋煸炒片刻，加入鸡蛋、黄瓜、精盐、味精、料酒、花椒粉、葱花炒匀即可。

营养小典：补血养血，养心宁神。

芙蓉番茄

主料 番茄250克，鸡蛋清150克，核桃仁50克。

调料 盐、料酒、白糖、鸡精、食用油各适量。

做法

1. 番茄洗净，开水烫去表皮，切丁；鸡蛋清加入盐、料酒搅拌均匀。
2. 净锅上火，倒油烧至四成热，倒入鸡蛋液炒散，加入番茄丁、白糖、鸡精、盐翻炒均匀，撒入核桃仁炒匀即可。

饮食宜忌：番茄一定要吃全红的，若是半青半红就要再放两天。若全是青色的就一定不能吃。

番茄日本豆腐

主料 日本豆腐300克，番茄100克。

调料 番茄酱、白糖、盐、食用油各适量。

做法

1. 日本豆腐切段；番茄烫去皮，洗净，切碎。
2. 锅中倒油烧热，放入番茄翻炒片刻，加入番茄酱翻炒均匀，加盐、白糖，炒至番茄酱浓稠，倒入豆腐，翻炒均匀即可。

做法支招：刚洗干净的锅很容易在煎东西的时候将皮煎破，所以可以先在锅上撒点盐，用小火烘焙一下，然后将盐倒出，再放油煎。

烤番茄牛腿肉

主料 牛腿肉200克，番茄、茄子各50克。

调料 香菜叶、番茄酱、橄榄油、盐、味精各适量。

做法

1. 牛腿肉洗净，切片，撒上盐、味精腌制10分钟。
2. 番茄洗净，切大片；茄子洗净，切片。
3. 锅中倒橄榄油烧热，放入牛腿肉两面煎烤，盛出，再用原锅煎烤番茄、茄子1分钟，盛出。
4. 烤盘铺上铝箔，将牛腿肉、茄子、番茄交错排列，摆好，撒上香菜叶，淋番茄酱，放入烤箱中层，以200℃上下火烤5分钟即可。

营养小典：该菜可以预防缺铁性贫血，并能增强人体免疫力。

番茄豆腐羹

主料 番茄、豆腐各200克，豌豆50克。

调料 水淀粉、白糖、味精、盐、清汤、食用油各适量。

做法

① 豆腐切片，入沸水锅稍焯，捞出沥干；番茄洗净，烫去皮，剁成蓉；豌豆洗净。

② 锅中倒油烧热，放入番茄翻炒片刻，加盐、白糖、味精炒匀，加入清汤、豌豆、豆腐，烧沸入味，用水淀粉勾芡即可。

饮食宜忌：最好不要空腹吃番茄。番茄所含的果胶等物质易与胃酸发生化学反应，结成不易溶解的块状物，阻塞胃出口，引起腹痛。

番茄鸡蛋汤

主料 番茄200克、洋葱50克，鸡蛋2个。

调料 海带汤、盐、白糖各适量。

做法

① 番茄去皮，切块；洋葱切碎；鸡蛋磕入碗中打散。

② 锅中放入海带清汤、白糖、盐同煮至沸，加入番茄、洋葱，煮至再沸，慢慢淋入鸡蛋液，搅匀即可。

做法支招：加入鸡蛋液一定等开锅后快速均匀地倒在锅里。

番茄木耳汤

主料 番茄2个，水发木耳30克。

调料 葱花、香油、味精、盐、食用油各适量。

做法

① 番茄洗净，烫去皮，切瓣；水发木耳洗净，撕成小朵。

② 锅中倒油烧热，放入番茄、木耳翻炒均匀，加入适量水，烧沸后加盐、味精、香油调味，撒葱花即可。

做法支招：番茄去皮的时候可以先在顶部划上十字花刀，然后用开水氽烫后捞出，这样皮就可以很轻易地去掉了。

番茄牛尾汤

主料 牛尾、番茄各300克。

调料 香菜段、精盐、味精、胡椒粉、高汤、葱段各适量。

做法

1. 牛尾洗净，剁成块，放入沸水锅氽烫后捞出；番茄去皮，切块。
2. 牛尾、葱段同放炖煲中，加高汤炖熟，拣去葱段，加入番茄，炖至牛尾酥烂，加精盐、味精、香菜段、胡椒粉调味即可。

营养小典：牛尾含有丰富的蛋白质、脂肪和维生素等物质，补体虚、滋颜养容，尤其当中含量较多的胶质，堪称性价比较高的滋补品。

番茄鸡肉

主料 鸡脯肉200克，番茄150克。

调料 料酒、番茄酱、盐、胡椒粉、食用油各适量。

做法

1. 鸡脯肉洗净，切片；番茄切块。
2. 锅中倒油加热，放入番茄酱炒香，加入鸡块、料酒、胡椒粉翻炒片刻，加入番茄、盐，继续烧10分钟即可。

做法支招：鸡块入冷水可以彻底清血沫，焯后入冷水，一冷一热可以使鸡肉更嫩滑。

金枪鱼酿番茄

主料 罐头金枪鱼泥200克，生菜、番茄各100克。

调料 芥末、番茄酱各适量。

做法

1. 番茄洗净，从蒂部挖开，去瓤；生菜洗净切细丝。
2. 将切好的生菜放大碗中，放入芥末、番茄酱搅拌均匀，放入番茄内，铺上金枪鱼泥即可。

做法支招：加入黑胡椒粉，味道会更好。

番茄柠檬炖鱼

主料 鲫鱼500克，番茄100克，柠檬片30克。

调料 精盐、胡椒粉、料酒、食用油各适量。

做法

1. 鲫鱼宰杀洗净，加入精盐、柠檬片腌制片刻；番茄洗净，切块。
2. 锅置火上，倒油烧热，放入鲫鱼煎至两面微黄，加入热水烧开，撇去浮沫，放入番茄、柠檬片，大火烧15分钟，加入精盐、料酒、胡椒粉调味即可。

做法支招：煎鱼的油温和火候要掌握好。

番茄鸡蛋面

主料 面条300克，鸡蛋1个，番茄100克，干黄花菜15克。

调料 盐、食用油各适量。

做法

1. 干黄花菜用温水泡软，洗净，切小段；番茄洗净，烫去皮、切碎；鸡蛋磕入碗里打散。
2. 锅中倒油烧至八成热，放入黄花菜、盐，翻炒片刻，加入番茄末炒匀，加入适量水煮沸，放入面条煮软，淋入鸡蛋液，煮沸即可。

做法支招：黄花菜最好用清水多浸泡一会儿，以彻底去掉二氧化硫等有害物质。

番茄肉肠蒸米饭

主料 大米200克，番茄100克，肉肠50克。

做法

1. 大米淘洗干净；肉肠切丁；番茄洗净，烫去皮，切丁。
2. 电饭锅中放入大米，加入适量水，倒入肉肠，蒸至米饭九成熟，放入番茄丁，入锅蒸熟即可。

营养小典：番茄吃生的能补充维生素C，吃煮熟的能补充番茄红素。

核桃汁

主料 核桃仁100克，牛奶200毫升。

调料 白糖适量。

做法

1. 核桃仁放入温水中浸泡5分钟，去皮。
2. 将核桃用豆浆机磨成汁，用纱布过滤出汁液。
3. 将核桃汁倒入锅中，加入牛奶、白糖烧沸即可。

做法支招：注意核桃仁去皮要净，核桃汁磨得要细。

蜜枣核桃

主料 蜜枣300克，核桃仁、糯米粉各100克，鸡蛋清60克。

调料 食用油适量。

做法

1. 蜜枣上笼蒸至酥软，去核；核桃仁用热水泡10分钟，去衣。
2. 锅中倒油烧热，放入核桃仁炸熟，塞入蜜枣中。
3. 鸡蛋清用搅拌器打发，加糯米粉调匀，将裹好的蜜枣核桃放入滚一滚，使其粘满蛋清糊。
4. 炒锅倒油烧至三四成热，放入蜜枣核桃炸至变黄，捞出装盘即可。

营养小典：该菜有滋补肝肾，益气安神，抗衰老，乌发的功效。

口蘑烧冬瓜

主料 冬瓜300克，口蘑50克。

调料 鸡精、料酒、盐、水淀粉、食用油各适量。

做法

1. 冬瓜洗净，去皮、去瓤，切块，放入沸水锅焯烫片刻，捞出沥干；口蘑洗净，切块。
2. 锅中倒油烧热，放入口蘑、冬瓜块、料酒、盐、鸡精，大火烧沸，改小火烧至口蘑、冬瓜入味，用水淀粉勾芡即可。

营养小典：冬瓜中所含的丙醇二酸，能有效地抑制糖类转化为脂肪，加之冬瓜本身不含脂肪，热量不高，可以有效地防止发胖。

脆皮冬瓜

主料 冬瓜400克。

调料 面粉、淀粉、番茄酱、白糖、鸡精、盐、食用油各适量。

做法

1. 冬瓜去皮，洗净，切成长条，放入沸水中汆烫至熟，捞出沥水。
2. 面粉、淀粉、盐、鸡精、白糖同放碗中，加适量水调匀，静置10分钟，放入冬瓜条裹匀上浆。
3. 锅内倒油烧热，放入冬瓜，炸至金黄酥脆，装盘，淋番茄酱即可。

饮食宜忌：腹泻时不可食用冬瓜。

冬瓜双豆

主料 冬瓜200克，青豆、黄豆、胡萝卜各30克。

调料 食用油、精盐、味精、酱油、鸡精各适量。

做法

1. 冬瓜去皮，洗净，切丁；胡萝卜洗净，切丁；青豆、黄豆均洗净，黄豆浸泡6小时；所有原料入沸水锅焯煮至五成熟，捞出沥水。
2. 炒锅倒油烧热，加入冬瓜、青豆、黄豆、胡萝卜、精盐、味精、酱油、鸡精，炒熟即可。

营养小典：该菜含有较多的纤维素，能够清热解毒。

回锅冬瓜

主料 冬瓜300克，面粉、蒜苗各50克，鸡蛋1个。

调料 食用油、精盐、味精、淀粉、豆豉、豆瓣酱、酱油各适量。

做法

1. 冬瓜去皮、去瓤，洗净，切片，用精盐腌拌片刻，加入鸡蛋、面粉、淀粉拌匀；蒜苗洗净、切段。
2. 炒锅倒油烧热，下入瓜片稍炸后捞出，待油温升高后，复炸一次，捞出沥油。
3. 锅留底油烧热，放入豆瓣酱、豆豉炒香，放入蒜苗、冬瓜片、酱油、味精炒匀即可。

营养小典：该菜有清热解毒、利水消痰、除烦止渴、祛湿解暑的功效。

西芹百合

主料 百合100克，西芹200克。

调料 姜末、水淀粉、盐、食用油各适量。

做法

1. 西芹去老筋，斜刀切段；百合掰开，洗净。
2. 锅中倒油烧热，放入姜末、西芹、百合翻炒均匀，加盐炒匀，用水淀粉勾薄芡即可。

营养小典：百合清淡可口且营养价值很高，有润肺止咳、清心安神、解渴润燥的作用。

百合炒时令蔬菜

主料 牛肉、百合、荷兰豆各100克，莲子50克。

调料 食用油、精盐、味精各适量。

做法

1. 荷兰豆择洗干净，入沸水锅汆烫至变色，捞出；百合掰瓣，洗净；牛肉洗净，切片；莲子去心，洗净，入锅蒸熟。
2. 炒锅倒油烧热，放入牛肉，大火炒熟，加入莲子、百合、荷兰豆炒匀，加精盐、味精调味即可。

营养小典：百合富含植物蛋白、钙、磷和铁等多种微量元素。

百合炒蚕豆

主料 百合50克，新鲜蚕豆200克，红椒10克。

调料 食用油、精盐、鸡精、水淀粉、白糖、香油、姜末、蒜茸、鲜汤各适量。

做法

1. 新鲜蚕豆剥去外皮、洗净；百合剥开、洗净；红椒洗净，切成菱形片。
2. 锅中倒油烧热，放入蚕豆炸起泡，捞出沥油。
3. 锅留底油烧热，放入姜末、蒜茸煸香，加入蚕豆、红椒片煸炒片刻，放精盐、鸡精、白糖，炒匀后倒入鲜汤，用水淀粉勾薄芡，放入百合炒匀，淋香油即可。

做法支招：这些食材都是好熟的食材，所以煸炒约三五分钟就可以出锅。

菊花蜜糖山楂露

主料 白菊花、金银花15克，山楂50克，大枣20克。

调料 白糖适量。

做法

1. 白菊花、金银花均洗净，沥干；山楂、大枣均洗净。
2. 煲中倒入适量水，放入山楂、大枣，煲滚后改用小火煲30分钟，加入金银花、白菊花，水滚后熄火焖5分钟，除去渣滓，加入白糖拌匀即可。

营养小典：这款饮品能化积消食、健胃生津，又可清热解毒、明目。

山楂水

主料 山楂100克。

调料 白糖适量。

做法

1. 山楂洗净，去核，放入锅内，加水煮沸，再用小火煮15分钟。
2. 将山楂水倒入杯中，加白糖调匀即可。

饮食宜忌：一次不可服用过多，否则会反胃酸。

山楂炒绿豆芽

主料 绿豆芽250克，鲜山楂100克。

调料 花椒、葱姜丝、精盐、鸡精、料酒、食用油各适量。

做法

1. 绿豆芽漂洗干净，沥干水分；山楂洗净去核，切成片。
2. 锅置火上，倒油烧至五成热，投入花椒炸香，捞出花椒不用，再放入葱姜丝煸香，放入绿豆芽煸炒，加入料酒、精盐、鸡精、山楂片，翻炒均匀即成。

营养小典：此菜降脂减肥，美容养颜。

薏米山楂汤

主料 薏米100克，山楂50克。

做法

1. 薏米洗净，用水浸泡8小时；山楂洗净，去核，切片。
2. 锅中倒入适量水，放入薏米、山楂，大火煮沸，改小火煮1小时即可。

营养小典：薏米因含有多种维生素和矿物质，有促进新陈代谢和减少胃肠负担的作用。

山楂橘子羹

主料 山楂糕、橘子各150克。

调料 水淀粉、白糖各适量。

做法

1. 橘子剥掉外皮，去子，切块；山楂糕切丁。
2. 锅内加适量水烧开，加入山楂糕煮15分钟，加入橘子、白糖，再次煮开，用水淀粉勾芡即可。

营养小典：山楂果实营养丰富，特别是铁、钙等矿物质和胡萝卜素、维生素C的含量均超过苹果、梨、桃和柑橘等水果。

山楂粥

主料 粳米100克，山楂50克。

调料 白糖适量。

做法

1. 粳米淘洗干净；山楂洗净，去核，切片。
2. 锅中倒入适量水，放入山楂煮30分钟，放入粳米，煮至粥成，加白糖调味即可。

营养小典：本品酸甜开胃，能帮助肠胃蠕动消积食。

蘑菇沙拉

主料 金针菇、口蘑、香菇各150克。

调料 酱油、醋、白糖、香油各适量。

做法

① 金针菇去根，洗净；口蘑、香菇均洗净，切片；三种蘑菇放入沸水锅焯烫片刻，捞出沥干。

② 酱油、醋、白糖、香油同入大碗中调成味汁，加入各种蘑菇，拌匀即可。

营养小典：蘑菇营养丰富，蘑菇中的蛋白质含量多在30%以上，比一般的蔬菜和水果要高出很多。

干焖香菇

主料 水发香菇400克。

调料 食用油、味精、白糖、香油、精盐、料酒、酱油、葱姜末、高汤各适量。

做法

① 水发香菇洗净，放入沸水锅焯烫片刻，捞出沥干。

② 锅中倒油烧热，放入葱姜末炝锅，加入酱油、白糖、料酒、精盐、味精、高汤和香菇，烧至汤汁收浓，淋香油即可。

做法支招：香菇泡发后要挤干水分。

芹菜炒香菇

主料 芹菜300克，干香菇50克。

调料 淀粉、酱油、醋、鸡精、盐、食用油各适量。

做法

① 芹菜洗净，切段；干香菇用温水泡发，洗净切片。

② 醋、鸡精、淀粉放入小碗里，加适量水，兑成芡汁。

③ 锅内倒油烧热，放入芹菜煸炒3分钟，加入香菇，迅速翻炒均匀，加入酱油，淋上芡汁，大火翻炒，待调料均匀地粘在香菇和芹菜上即可。

营养小典：芹菜中含有特殊香味的挥发性芳香油，可以增进食欲，促进消化。

香菇白菜炒冬笋

主料 白菜、冬笋各150克，干香菇30克。

调料 食用油、精盐、鸡精各适量。

做法

1. 白菜洗净，切段；干香菇用温水泡开，去蒂，切成小块；冬笋去掉外皮，洗净切片。
2. 炒锅倒油烧热，放入白菜翻炒片刻，加适量水，放入香菇、冬笋，大火烧开，加精盐、鸡精调味，改用小火焖至熟即成。

营养小典：此菜笋脆，菜嫩，菇香，味清鲜，并含有多种营养元素。

香菇煨蹄筋

主料 蹄筋150克，香菇100克，西蓝花、胡萝卜各50克。

调料 香卤包1包，精盐、蚝油各适量。

做法

1. 西蓝花洗净，掰成小朵；胡萝卜洗净，切丁；香菇洗净，切块；蹄筋洗净。
2. 锅内加适量水，下入香卤包，加入蹄筋，中火煮40分钟，捞出。
3. 炒锅倒蚝油烧热，放香菇、西蓝花、胡萝卜炒匀，加入蹄筋、适量水，翻炒至收汁，加精盐调味即可。

营养小典：此菜可以美容润肤，强健筋骨。

蒸香菇盒

主料 水发香菇、猪瘦肉各200克，熟火腿末25克，鸡蛋1个。

调料 酱油、高汤、淀粉、葱花、水淀粉、精盐、白糖、味精、香油各适量。

做法

1. 猪瘦肉剁成泥，加火腿末、葱花、酱油、精盐、白糖、味精、淀粉和香油，打入鸡蛋，拌成肉馅。
2. 水发香菇洗净，放入高汤锅煮沸10分钟，捞出摊平，菇面向下摆案板上，每个香菇上放一份馅料，用余下香菇一一盖起，入锅蒸10分钟。
3. 锅中倒入高汤、酱油、精盐和味精煮沸，用水淀粉勾芡，淋香油，浇香菇盒上即可。

营养小典：此菜益气补虚、健脾和胃。

当归香菇汤

主料 冻豆腐、香菇各50克，大枣25克，当归、参须、枸杞子各5克。

调料 精盐、素高汤各适量。

做法

① 冻豆腐切块；香菇去蒂，洗净，切块；大枣、枸杞子均洗净。

② 炖盅倒入素高汤，放入所有原料和精盐，盖上盅盖，放入蒸锅，大火蒸30分钟即可。

做法支招：洗蘑菇之前一定要把菌柄底部带着较多沙土的硬蒂去掉，因为这个部位即使用盐水泡过也不易洗净。

糖醋香菇盅

主料 香菇200克，豆腐100克，胡萝卜、萝卜叶、牛蒡、青椒各25克。

调料 盐、胡椒粉、淀粉、香油、番茄酱、白糖、米醋、食用油各适量。

做法

① 香菇去蒂，洗净；胡萝卜、萝卜叶、牛蒡均洗净，切碎，放入滚水锅焯烫片刻，捞出沥干，加入豆腐、淀粉、盐、胡椒粉和匀成豆腐馅。

② 在香菇内侧抹少许淀粉，将豆腐馅盛入香菇内面，放入热油锅炸3分钟，捞起盛盘。

③ 锅留底油烧热，放入番茄酱、白糖、米醋和适量水煮沸，用水淀粉勾薄芡，淋在香菇盅上即可。

营养小典：此菜温中补气，强身健体。

鸡肉香菇粥

主料 米饭200克，鸡肉50克，香菇、小白菜各25克。

调料 鸡汤、盐、食用油各适量。

做法

① 香菇洗净，入锅煮熟，切碎；小白菜洗净，入锅汆烫后捞出，切碎；鸡肉洗净，入锅煮熟，切丁。

② 锅中倒油烧热，放入鸡丁炒熟，放入香菇拌炒片刻。

③ 将米饭放入鸡汤锅中煮成粥，加入小白菜、炒熟的鸡丁和香菇，熬煮5分钟，加盐调味即可。

营养小典：此粥软烂鲜美，营养丰富，食用可滋养五脏、补气血、恢复体力。

鳕鱼香菇菜粥

主料 鳕鱼、香菇、圆白菜叶各30克，大米200克。

调料 盐适量。

做法

1. 鳕鱼洗净，切碎；香菇、圆白菜叶均洗净，切丁。
2. 锅中倒入适量水，放入大米熬煮至米粒开花，放入鳕鱼、香菇、圆白菜，煮至粥黏菜熟即可。

营养小典：此粥味鲜，能刺激食欲，并可提供多种营养元素。

金银豆腐

主料 豆腐、油豆腐各150克，草菇50克。

调料 酱油、水淀粉、盐、味精、糖各适量。

做法

1. 豆腐、油豆腐均切块，草菇洗净，切丁。
2. 锅中加水烧沸，加入豆腐、油豆腐、草菇、酱油、糖，中火煮10分钟，加盐、味精调味，用水淀粉勾芡即成。

营养小典：豆腐富含钙质，可以预防和抵制骨质疏松症，还能提高记忆力和精神集中力。

蟹黄熘豆腐

主料 蟹黄20克，豆腐300克。

调料 姜末、料酒、盐、味精、胡椒粉、水淀粉、食用油各适量。

做法

1. 豆腐切块。
2. 锅中倒油烧至六七成热，放入豆腐炸至呈金黄色，捞出控油。
3. 锅留底油烧热，放姜末、蟹黄炝锅，煸出黄油，放料酒、盐、味精、胡椒粉、豆腐和适量水烧开，小火煨至入味，用水淀粉勾薄芡即可。

营养小典：海鲜及豆腐均含丰富蛋白质，且脂肪含量低，经常食用有益于健康。

酱汁豆腐

主料 豆腐300克，鸡肉、炸杏仁各10克，鸡蛋清1个。

调料 香菜末、胡椒粉、鸡精、淀粉、料酒、酱油、葱姜汁、高汤、盐各适量。

做法

① 豆腐捣碎成泥，加盐、胡椒粉、葱姜汁、鸡蛋清、淀粉拌匀，压成块，上笼屉蒸熟，盛出装盘；鸡肉洗净，切碎。

② 锅中倒油烧熟，放入鸡肉炒至变色，倒入料酒、高汤、酱油，放盐和鸡精调味，用水淀粉勾芡，淋在豆腐上，撒上杏仁、香菜末即可。

营养小典：豆腐为补益清热养生食品，常食之，可补中益气、清热润燥、生津止渴、清洁肠胃。

芹菜豆腐干

主料 嫩芹菜、豆腐干各150克。

调料 葱花、姜丝、素高汤、酱油、水淀粉、香油、盐、食用油各适量。

做法

① 芹菜洗净，切段；豆腐干切片；两种原料同放入沸水锅烫透，捞出沥干。

② 锅置火上，倒油烧热，放入葱花、姜丝爆香，加入酱油，放入豆腐干、芹菜煸炒片刻，加入素高汤略煨片刻，用水淀粉勾芡，淋入少许香油即可。

做法支招：芹菜等蔬菜适宜竖着存放，垂直放的蔬菜所保存的叶绿素含量比水平放的蔬菜要多。

八宝豆腐

主料 嫩豆腐200克，鸡肉50克，香菇、松子仁各15克。

调料 盐、鸡汤各适量。

做法

① 嫩豆腐切成块；鸡肉洗净，切丝；香菇洗净，切碎。

② 锅中倒入鸡汤，放入豆腐、鸡丝、香菇，大火煮沸，转中火煮熟，撒上松子仁，加盐调味即可。

营养小典：豆腐富含钙质，易吸收，适宜补钙，强健骨骼。

肉豆腐蒸糕

主料 肥肉、瘦肉各100克，豆腐200克。

调料 姜末、葱花、水淀粉、酱油、盐、香油各适量。

做法

1. 将肉洗净，剁成泥，加入酱油、姜末拌匀。
2. 豆腐压碎，加入煨好的肉馅、水淀粉、盐、香油、葱花、姜末和少许水，搅拌成泥。
3. 将肉豆腐泥分别放入小盘内，上屉蒸15分钟即可。

做法支招：肉馅要剁细，豆腐要搓碎，肉要煨得黏糊，否则，肉豆腐糕蒸不成形；可以在豆腐糕上用胡萝卜末、海苔丝摆出造型，会增强家人的食欲。

豆腐肉饼

主料 嫩豆腐300克，羊栖菜50克，鸡蛋1个，番茄、生菜各30克，芝麻10克。

调料 盐、酱油、白糖、水淀粉、食用油各适量。

做法

1. 羊栖菜泡开，控干水分，切碎，加入压碎的嫩豆腐、芝麻，磕入鸡蛋，搅拌均匀，加盐调味，做成圆形豆腐饼；番茄洗净，切片，放在盘边；生菜洗净，放在番茄旁。
2. 锅中倒油烧热，放入豆腐饼煎熟，放在番茄、生菜盘中。
3. 锅留底油烧热，放入酱油、白糖煮沸，用水淀粉勾芡，淋在豆腐上即可。

做法支招：可加入一些面粉，有助于豆腐饼成形。

煮豆腐

主料 嫩豆腐200克，虾仁、扇贝肉、豆芽、西蓝花各50克，红柿椒10克，面粉适量。

调料 高汤、酱油、食用油各适量。

做法

1. 嫩豆腐切块；虾仁、扇贝肉、豆芽、西蓝花均洗净，西蓝花撕成小朵；红柿椒洗净，切丝。
2. 将嫩豆腐裹匀面粉，放入热油锅两面煎炸，盛出。
3. 锅中倒油烧热，放入扇贝、虾仁炒至变色，加入高汤、酱油煮沸，加入嫩豆腐、豆芽、西蓝花煮熟即可。

营养小典：豆腐中含有大量的优质蛋白和钙，而这道菜加入了虾和蔬菜，能使维生素和矿物质更加丰富。

草莓豆腐

主料 豆腐300克，草莓30克。

调料 食用油适量。

做法

1. 草莓去蒂，切小块，用搅拌器搅拌成泥糊状；豆腐切片。
2. 锅中倒油烧热，放入豆腐片煎熟，盛出装盘，淋上搅拌好的草莓糊即可。

营养小典：豆腐营养丰富，含有铁、钙、磷、镁等人体必需的多种微量元素，还含有糖类、植物油和丰富的优质蛋白，素有“植物肉”之美称。

干炸回锅腐竹

主料 腐竹100克，尖椒、木耳各15克，鸡蛋1个，面粉30克。

调料 蒜末、鸡精、盐、食用油各适量。

做法

1. 腐竹用凉水泡软，切段；木耳泡发洗净，撕成小朵；尖椒洗净，切片；鸡蛋磕入碗中，加入面粉、盐，搅拌成鸡蛋面糊，倒入腐竹裹匀面糊。
2. 锅中倒油烧至六成热，放入腐竹，炸成金黄色，捞出沥油。
3. 锅留底油烧至八成热，放入蒜末炒香，加入腐竹、尖椒、木耳翻炒片刻，加入少许水，翻炒至水滚开后，加盐、鸡精调味即可。

做法支招：泡发腐竹的时候注意要用凉水。

芥末红椒拌木耳

主料 木耳30克，红椒25克。

调料 香菜叶、白糖、芥末、醋、生抽、香油、盐、鸡精各适量。

做法

1. 木耳泡发洗净，撕成小朵，放入沸水锅焯烫片刻，捞出沥干，装大碗中；红椒洗净，切丝。
2. 取一个小碗，放入白糖、芥末、醋、生抽、盐、鸡精、香油，调匀成味汁。
3. 将调味汁倒入装木耳的碗里，放入红椒丝、香菜叶拌匀即可。

做法支招：木耳要选择摸起来比较厚的，而且要看起来颜色比较深的。

拌双耳

主料 水发银耳、水发木耳各100克，彩椒丝各适量。

调料 葱丝、白糖、香油、醋、鸡精、胡椒粉、盐各适量。

做法

1. 水发银耳、水发木耳均洗净，撕成小朵，放入沸水锅焯烫片刻，捞出沥干。
2. 盐、醋、鸡精、白糖、胡椒粉、香油调匀成味汁。
3. 银耳、木耳装入盘中，撒上葱丝、彩椒丝，倒入味汁，拌匀即可。

营养小典：这道菜清淡适口，营养丰富。银耳、木耳都具有增强人体免疫力、润肠通便的功效。

剁椒黑木耳蒸鸡

主料 鸡翅300克，泡发木耳100克。

调料 剁椒、葱花、姜蒜末、白糖、生抽、香油、食用油各适量。

做法

1. 鸡翅剁成小块；木耳洗净，撕成小朵，放碟中。
2. 锅里倒油烧热，放入葱花、姜蒜末、剁椒爆香，加入白糖、生抽调味，炒成酱汁。
3. 将鸡翅均匀码在木耳上面，淋上炒好的酱汁，上锅蒸25分钟，淋香油即可。

做法支招：底下垫上木耳，能吸收酱汁和鸡肉的鲜美，木耳也会很美味。

木耳海螺

主料 海螺肉200克，水发木耳、黄瓜各50克。

调料 料酒、精盐、味精、姜末、香油、肉汤各适量。

做法

1. 黄瓜去蒂，洗净，切片；水发木耳去根，洗净，切片；海螺肉去内脏，切片，放入沸水锅焯透，捞出。
2. 净锅置火上，加肉汤、木耳、料酒、精盐、姜末，大火烧沸，加味精，放入海螺肉和黄瓜炒匀，淋上香油即成。

营养小典：此菜性味甘凉，清鲜适口，并具有清热解毒、明目等功效。

蛋花木耳汤

主料 鸡蛋1个，水发木耳100克。

调料 盐、姜末、胡椒粉、葱花、香油、味精、高汤、水淀粉、食用油各适量。

做法

1. 水发木耳洗净；鸡蛋磕入碗中打散；葱花、胡椒粉、味精、香油放入汤碗内。
2. 锅置旺火上，倒油烧热，放入姜末炒香，倒入高汤，加精盐烧沸，放入木耳，煮至再沸，用水淀粉勾薄芡，淋入蛋液，略搅成蛋花，起锅倒入汤碗内，搅匀即成。

营养小典：该菜有行气健脾、养心宁神、降压通便的功效。

紫菜炒鸡蛋

主料 紫菜40克，鸡蛋2个。

调料 盐、食用油各适量。

做法

1. 紫菜放入水中泡透，撕开成丝，沥干水分。
2. 鸡蛋磕入碗中打散，加入紫菜、盐搅拌均匀。
3. 锅内倒油烧至六七成热，加入鸡蛋，改用小火先将一面煎黄，再煎另一面，煎至两面熟后即可。

营养小典：紫菜富含钙、钾、碘、铁和锌等矿物质，可以预防缺铁性贫血。

紫菜瘦肉汤

主料 紫菜25克，瘦猪肉50克。

调料 姜丝、盐、食用油各适量。

做法

1. 紫菜用清水浸泡片刻；瘦猪肉洗净，切丝。
2. 锅中倒油烧热，放入瘦猪肉、姜丝，炒至猪肉八成熟，加入适量水、紫菜，大火煮沸，改小火煲30分钟，加盐调味即可。

营养小典：这道汤清淡爽口，富含钾元素，适合每日饮用。

虾皮紫菜汤

主料 虾皮20克，紫菜50克。

调料 盐、香油各适量。

做法

① 虾皮、紫菜均用水泡开。

② 锅中倒水烧沸，放入虾皮、紫菜煮熟，加盐调味，滴入香油即可。

做法支招：紫菜要冲洗干净泥沙。

海带炖肉

主料 带皮五花肉500克，水发海带200克。

调料 葱段、姜片、花椒、八角茴香、酱油、白糖、鲜汤、味精、盐、食用油各适量。

做法

① 带皮五花肉刮洗干净，切块；海带洗净，切片。

② 锅内倒油烧热，放入肉块煸炒至变色，放入酱油、白糖、葱段、姜片、花椒、八角茴香、鲜汤烧沸，转小火炖至五花肉八成熟，放入海带，炖20分钟，加盐、味精调味即可。

做法支招：海带本身就带有鲜味，味精可以酌情添加或不加。

海带炖鸡

主料 鲜海带400克，母鸡500克。

调料 葱段、姜片、料酒、精盐、鸡精各适量。

做法

① 母鸡宰杀洗净，切块；鲜海带洗净，切片。

② 锅内加入适量水，倒入鸡块，大火烧开，改小火炖30分钟，加入葱段、姜片、海带、盐、料酒，烧至鸡肉熟烂，加入鸡精调味即可。

营养小典：鸡与海带相炖，具有补虚、益气、软坚散节、润肤乌发的作用，亦可治疗淋巴结核、甲状腺弥漫性肿大。

日式味噌汤

主料 水发海带、西芹、胡萝卜、菜花各100克，黄豆、黑豆各50克。

调料 橄榄油、味噌酱、白糖、盐各适量。

做法

1. 水发海带洗净，切段；西芹洗净，切段；胡萝卜去皮洗净，切片；黄豆、黑豆均洗净，用水浸泡8小时，入锅煮至八成熟，捞出沥干。
2. 锅中倒入适量水，放入海带，煮沸，加入西芹、胡萝卜、菜花、黄豆、黑豆，煮至将熟，放入橄榄油、白糖、盐、味噌酱，煮2分钟即可。

做法支招：味噌不宜久煮，以免味道散失。

榄菜酿尖椒

主料 尖椒100克，瘦肉馅150克，橄榄菜30克。

调料 葱末、姜末、料酒、淀粉、盐、味精、食用油各适量。

做法

1. 尖椒竖划一刀，去掉两端，去子，洗净。
2. 瘦肉馅加盐、料酒、味精和匀，装入尖椒内，两端拍匀淀粉。
3. 锅中倒油烧至七成热，放入尖椒炸熟。
4. 另锅倒油烧热，放入葱姜末、橄榄菜爆香，加少许水烧开，放入尖椒炒匀即可。

营养小典：橄榄菜中富含橄榄油等珍贵营养成分和多种维生素及人体必需的钙、碘，还含有铁、锌、镁等多种微量元素。

玻璃酥肉

主料 猪瘦肉400克，冬菇、冬笋、肥肉膘各25克，面粉100克，鸡蛋黄1个。

调料 葱、精盐、味精、料酒、食用油、清汤、水淀粉各适量。

做法

1. 猪瘦肉切成大薄片，摊平。
2. 冬菇、肥肉膘、冬笋、葱均洗净，切成末，放碗中，加面粉、鸡蛋黄搅成糊，涂在肉片上。
3. 锅中倒油烧至七成热，逐片下入肉片，炸至金黄色，捞出沥油，切成小块。
4. 锅中倒入清汤煮沸，放入肉块，加入精盐、味精，用水淀粉勾芡，煮沸即可。

营养小典：此菜增强体力，强筋健骨。

茯苓肉片

主料 猪瘦肉200克，茯苓、熟芝麻、豆腐各50克，菊花5克。

调料 水淀粉、精盐、料酒、香油各适量。

做法

1. 茯苓洗净、控干；猪瘦肉切片，加精盐、料酒、水淀粉抓匀上浆；豆腐切小块。
2. 锅内倒入适量水，放入茯苓，旺火烧开，改小火烧约10分钟，转大火，加入肉片、豆腐，撒菊花瓣、熟芝麻，加精盐调味，淋香油即可。

营养小典：该菜具有补肾养肝、乌发润肤的功效。

白菊肉片

主料 杭白菊、去核大枣各10克，白菜、猪瘦肉各150克，丝瓜50克，玫瑰花瓣5克。

调料 水淀粉、盐、料酒、清汤各适量。

做法

1. 白菜洗净，切成段；丝瓜洗净，切条；猪瘦肉洗净，切片，加盐、料酒、水淀粉抓匀上浆；杭白菊、大枣、玫瑰花瓣均洗净。
2. 锅内倒入清汤，大火烧开，放入白菜、丝瓜、杭白菊、大枣，煮约15分钟，放入肉片，加盐调味，撒上玫瑰花瓣即可。

营养小典：该菜具有凉血解毒，美颜除斑的功效。

自制香肠

主料 猪瘦肉200克，五花肉100克，猪小肠1根，鸡蛋1个。

调料 葱花、姜末、盐、味精、白酒、白糖各适量。

做法

1. 猪小肠洗净，用筷子刮去肠油，制成肠衣；猪瘦肉、五花肉均洗净，剁成泥，加入盐、味精、鸡蛋、白糖、白酒、葱花、姜末搅匀成肉馅。
2. 将肉馅灌入肠衣内，扎紧两头肠衣，入锅内煮熟，取出切片即可。

做法支招：肉泥灌入肠衣时要紧实，以避免肉馅有空隙。

姜韭牛奶羹

主料 韭菜250克，姜25克，牛奶200毫升。

做法

1. 韭菜、姜均洗净切碎，捣烂，用纱布绞汁。
2. 将韭菜姜汁倒入锅内，加入牛奶，煮沸即可。

营养小典：牛奶富含钙质和蛋白质，坚持每天一杯牛奶，能让骨骼强壮。

鹌鹑蛋奶

主料 鹌鹑蛋50克，牛奶200毫升。

调料 白糖适量。

做法

1. 鹌鹑蛋磕入碗中。
2. 锅中倒入牛奶煮沸，倒入鹌鹑蛋，煮至蛋刚熟时关火，加白糖调味即可。

做法支招：牛奶不可煮得过久，否则营养成分会被破坏。

奶汁西蓝花

主料 西蓝花300克，牛奶200毫升。

调料 盐、鸡精各适量。

做法

1. 西蓝花洗净，撕成小朵，放入沸水锅煮熟，捞出沥干。
2. 锅中倒入牛奶煮沸，倒入西蓝花、盐、鸡精，再次烧沸即可。

做法支招：吃的时候要多嚼几次，这样才更有利于营养的吸收。

小米蛋花粥

主料 小米50克，牛奶100毫升，鸡蛋1个，大枣15克。

做法

1. 小米淘洗干净，用水浸泡10分钟；大枣洗净，去核；鸡蛋磕入碗中打散。
2. 将大枣与小米一起放入锅中，加入适量水，大火烧沸，煮至小米烂熟，加牛奶煮沸，淋入蛋液煮匀即可。

营养小典：这道粥蛋白质、矿物质含量高，消化吸收率高。在中医上也有“润肠补血”的消暑功效。

冰镇苦瓜

主料 苦瓜300克，樱桃1个。

调料 蜂蜜、碳酸饮料各适量。

做法

1. 苦瓜切成两半，去瓤，切成长薄片。
2. 将苦瓜片放入盆中，加适量水拌匀，放入冰箱冰镇15分钟。
3. 将苦瓜放盘中，倒入碳酸饮料、蜂蜜拌匀，点缀樱桃即可。

做法支招：苦瓜的表面很难清洗干净，可以用牙刷来回反复刷洗。

苦瓜炒蛋

主料 苦瓜200克，鸡蛋2个。

调料 料酒、盐、食用油各适量。

做法

1. 苦瓜剖开去子，切成小片，用淡盐水浸泡30分钟，捞出后洗净；鸡蛋磕入碗中打散。
2. 锅内倒油烧热，倒入鸡蛋液炒成蛋花，盛出。
3. 锅留底油烧热，放入苦瓜、盐翻炒至八成熟，倒入鸡蛋，翻炒均匀，淋入料酒炒匀即可。

做法支招：将蛋放在冷水中，如果蛋平躺在水里，说明很新鲜；如果它倾斜甚至浮起，则是不新鲜的陈蛋。

老干妈煎苦瓜

主料 苦瓜300克。

调料 蒜片、豆豉酱、高汤、盐、食用油各适量。

做法

❶ 苦瓜对半剖开，去子，洗净，切块，放入沸水锅焯烫1分钟，捞出沥干。

❷ 炒锅倒油烧热，放入苦瓜块煎至表面呈金黄色，捞出沥油。

❸ 锅留底油烧热，放入蒜片、豆豉酱煸香，放入苦瓜翻炒片刻，加盐、高汤，大火烧开，转中小火焖至汤汁收干即可。

做法支招：不喜欢苦瓜的苦味的话可以用开水将苦瓜汆烫一下，然后再捞出泡在凉水中。

霉干菜蒸苦瓜

主料 苦瓜200克，白辣椒、霉干菜各50克。

调料 蒜蓉、姜末、豆豉、蚝油、盐、味精、食用油各适量。

做法

❶ 苦瓜剖开，去子，洗净，切片，加入盐、味精、蒜蓉、姜末、豆豉、蚝油拌匀；霉干菜洗净剁碎；白辣椒洗净，剁碎。

❷ 锅中倒油烧热，放入霉干菜、蒜蓉、姜末、味精炒香，倒入蒸钵底，上面码放上白辣椒，再放上苦瓜片，上笼蒸20分钟，反扣装盘即可。

做法支招：霉干菜要炒香，苦瓜要腌入味，白辣椒要保留本身的味道，这样蒸制时才能使其味道相互渗透。

龙眼苦瓜

主料 苦瓜200克，虾仁100克，龙眼10克。

调料 盐、料酒、水淀粉、清汤、味精、食用油各适量。

做法

❶ 虾仁去虾线，洗净剁碎，加盐、料酒、淀粉和匀成虾蓉；龙眼剥去壳。

❷ 苦瓜切成圆圈厚片，放入沸水锅焯水，捞出投凉，沥干，在内圈拍上淀粉，酿入虾蓉，镶嵌上龙眼肉，入笼屉蒸5分钟，取出装盘。

❸ 锅中倒入清汤，加入盐、味精，用水淀粉勾薄芡，浇在龙眼苦瓜上即可。

做法支招：苦瓜焯水后应投入冰水中浸凉，以保持碧绿色。

苦去甘来

主料 苦瓜300克，哈密瓜100克，红尖椒20克。

调料 葱花、姜末、盐、味精、白糖、清汤、水淀粉、食用油各适量。

做法

1. 苦瓜切开，去子，洗净，切条；哈密瓜去皮、去子，切条；红尖椒切条；上述原料分别放入沸水锅焯烫片刻，捞出沥干。
2. 锅留底油烧热，放入葱花、姜末煸香，投入苦瓜、哈密瓜、红椒条煸炒片刻，加盐、味精、白糖、清汤，烧至入味，放入水淀粉勾芡即可。

做法支招：苦瓜、哈密瓜、红尖椒焯的时间都不宜过长。

凉瓜炒鸭舌

主料 鸭舌、苦瓜各200克，红椒50克。

调料 葱段、姜片、料酒、盐、味精、白糖、生抽、水淀粉、食用油各适量。

做法

1. 锅中倒入适量水，放入葱段、姜片、料酒和鸭舌，煮至鸭舌熟，捞出沥干，洗净；苦瓜切开，去子，洗净，切成菱形块；红椒切菱形块。
2. 锅中倒油烧热，放入苦瓜、鸭舌过油，捞出沥油。
3. 锅留底油烧热，放入苦瓜、鸭舌、红椒块、料酒、盐、味精、白糖、生抽，翻炒均匀，用水淀粉勾芡即可。

做法支招：鸭舌要洗净，也可先将软骨去除。

苦瓜绿豆汤

主料 苦瓜150克，绿豆100克。

调料 白糖适量。

做法

1. 苦瓜剥开去子，洗净，切片；绿豆淘洗干净，用水浸泡6小时。
2. 锅中倒入适量水，放入绿豆煮至开花，放入苦瓜煮至汤成，加白糖调味即可。

营养小典：苦瓜有良好的清热解暑作用；绿豆可清热解毒、消肿凉血。

生蚝苦瓜饼

主料 苦瓜、彩椒、生蚝各50克，鸡蛋3个。

调料 淀粉、味精、盐、食用油各适量。

做法

1. 苦瓜、彩椒均洗净，切丁，放入沸水锅焯烫片刻，捞出沥干；生蚝洗净，切丁。
2. 鸡蛋磕入碗中打散，加淀粉调匀成蛋糊。
3. 蛋糊中加入苦瓜丁、彩椒丁、盐、味精、生蚝调匀。
4. 锅中倒油烧热，倒入蛋糊，煎至两面金黄，捞出切块，装盘即可。

营养小典：苦瓜不但具有良好的祛火效果，而且还可以瘦身美容，爱美的女性可以经常食用。

辣味苦瓜

主料 苦瓜300，朝天椒、白辣椒各5克。

调料 蒜片、醋、香油、盐、白糖、食用油各适量。

做法

1. 苦瓜洗净，去子，切片，放入沸水锅焯烫片刻，捞出沥干；朝天椒、白辣椒均切圈。
2. 焯好的苦瓜放入大碗中，加入盐、白糖、醋、香油拌匀。
3. 锅中倒油烧热，放入朝天椒、白辣椒、蒜片爆香，浇在苦瓜上拌匀即可。

做法支招：苦瓜要选择表面没有伤疤、新鲜的。

苦瓜炒肚丝

主料 苦瓜、熟猪肚各200克。

调料 葱丝、蒜片、料酒、盐、味精、胡椒粉、醋、食用油各适量。

做法

1. 苦瓜洗净，去子，切丝，放入沸水锅焯烫片刻，捞出沥干；熟猪肚切丝；料酒、醋、盐、味精、胡椒粉、香油同入碗中调成味汁。
2. 锅中倒油烧热，放入葱丝、蒜片爆香，放入猪肚、苦瓜翻炒均匀，倒入料汁，快速颠炒均匀即可。

做法支招：苦瓜丝、肚丝要粗细均匀，长短一样。滑油时要掌握好用旺火热油，快速翻炒均匀，使汁芡包在原料上。

苦瓜炒牛肉

主料 苦瓜200克，瘦牛肉100克，红椒50克。

调料 蒜蓉、豆豉、料酒、淀粉、盐、食用油各适量。

做法

1. 苦瓜洗净，去子，切片，用盐拌匀腌制15分钟，冲洗干净；瘦牛肉洗净，切片，加入料酒、淀粉拌匀；红椒洗净，切丝。
2. 锅中倒油烧至七成热，放入牛肉片滑油片刻，迅速捞出，沥油。
3. 锅留底油烧热，放入蒜蓉、豆豉爆香，加入牛肉片、苦瓜片、红椒丝，加少许盐翻炒熟即可。

做法支招：用木瓜子铺在牛肉上20分钟，可以让牛肉肉质松软、鲜嫩。

苦瓜鱼丝

主料 净鱼肉200克，苦瓜150克。

调料 姜丝、盐、味精、胡椒粉、白糖、白醋、水淀粉、食用油各适量。

做法

1. 苦瓜洗净，去子，切丝，入锅焯烫片刻，捞出沥干；净鱼肉切丝，加盐、味精、水淀粉、胡椒粉拌匀。
2. 锅中倒油烧热，放入鱼丝滑油片刻，捞出沥干。
3. 锅留底油烧热，放入姜丝炒香，倒入鱼丝、苦瓜丝炒匀，加白糖、白醋调味，用水淀粉勾芡即成。

营养小典：苦瓜滋阴养血，降火明目，与鱼肉同食有补血、加快伤口愈合的作用。

鲜虾酿苦瓜

主料 苦瓜200克，虾仁100克，胡萝卜25克，鸡蛋清30克。

调料 葱姜水、料酒、盐、味精、淀粉、香油各适量。

做法

1. 苦瓜洗净，切段，去子；虾仁去沙线，洗净，剁成蓉，倒入小盆内，加入葱姜水、鸡蛋清、盐、味精、料酒、香油、淀粉，拌匀上劲；胡萝卜去皮洗净，切碎。
2. 将虾蓉酿入苦瓜中，虾蓉上放点胡萝卜末，上蒸锅蒸10分钟，取出摆盘即可。

做法支招：苦瓜墩要高矮一样；蒸时掌握好时间，不要过火；汁芡不要太稠。

凉瓜鳕鱼丁

主料 苦瓜、鳕鱼肉各200克，彩椒20克。

调料 食用油、料酒、精盐、鸡精、胡椒粉、葱姜丝、水淀粉各适量。

做法

1. 苦瓜洗净，去子，切块；彩椒洗净，切块；鳕鱼肉洗净，切丁，加精盐、水淀粉，抓匀上浆。
2. 炒锅倒油烧热，放入鱼丁滑熟，捞出沥油，再放入苦瓜、彩椒滑油片刻，倒出沥油。
3. 锅留底油烧热，放入葱姜丝爆香，加入鱼丁、苦瓜、彩椒、料酒、精盐、鸡精、胡椒粉翻炒几下，用水淀粉勾芡即可。

做法支招：滑油时要掌握好温度，以免粘连，并保持鳕鱼丁鲜嫩，汁芡要包在料上。

清凉苦瓜粥

主料 苦瓜50克，粳米100克。

调料 冰糖适量。

做法

1. 苦瓜洗净，去子，切小块；粳米淘洗干净。
2. 锅置火上，倒水烧沸，放入粳米、苦瓜，煮至粥将熟，加入冰糖，煮至粥熟即可。

做法支招：苦瓜泡在盐水里可以去除一部分苦味。

桃仁莲藕煲

主料 桃仁10克，莲藕250克。

调料 红糖适量。

做法

1. 莲藕洗净切片；桃仁去皮，打碎。
2. 将碎桃仁、莲藕放入锅中，倒入适量水，大火煮沸，改小火煮40分钟，加红糖调味即可。

营养小典：莲藕含丰富的铁质，对贫血者颇为相宜。

柠檬腌莲藕

主料 莲藕250克。

调料 白糖、柠檬汁、醋各适量。

做法

① 锅中倒水烧沸，放入白糖、柠檬汁、醋略煮，关火凉透。

② 莲藕去皮，洗净切片，用冷水漂净，沥干，放入煮好的味汁中浸泡3小时即可。

做法支招：莲藕去皮后很容易变色，可以切片后放在淡盐水中防止变色。

田园小炒

主料 莲藕、胡萝卜、甜豆、木耳各100克。

调料 食用油、生抽、精盐、味精、香油各适量。

做法

① 甜豆洗净，切段；莲藕去皮，洗净，切薄片；木耳泡发洗净，撕成小朵；胡萝卜洗净，切片。

② 炒锅倒油烧热，放入全部原料、生抽一起翻炒至熟，加精盐、味精炒匀，淋香油即可。

营养小典：此小炒清脂减肥，增强食欲。

藕节黄芪猪肉煲

主料 猪肉、莲藕各200克，莲子15克，大枣、黄芪、山药、党参各10克。

调料 盐适量。

做法

① 猪肉洗净，切块；莲藕去皮，洗净，切块；莲子、大枣均洗净。

② 将莲藕、莲子、黄芪、山药、党参、猪肉一起放入煲中，小火炖至肉熟烂，加盐调味即可。

营养小典：莲藕不但气味清香，让人吃了口齿留香，而且还具有清热解毒的功效。

藕粉小米粥

主料 小米100克，藕粉50克，熟芝麻10克。

调料 白糖适量。

做法

① 小米洗净，用水浸泡1小时；藕粉用冷水调匀。

② 锅中倒水，放入小米，煮至粥成，慢慢淋入藕粉，加白糖搅拌均匀，撒熟芝麻调匀即可。

做法支招：莲藕粉的黏性很强，放凉后更容易使汤汁变稠，因此煮粥的水分要多些。

时令鲜藕粥

主料 鲜藕50克，粳米100克。

调料 红糖适量。

做法

① 鲜藕去皮，洗净，切成薄片；粳米淘洗干净。

② 将粳米、藕片、红糖放入锅内，加适量水，大火烧沸，改小火煮至米烂成粥即可。

营养小典：煮熟的藕性味甘温，能健脾开胃，益血补心，故主补五脏，有消食、止渴、生津的功效。

瓜皮炒山药

主料 西瓜皮200克，山药150克。

调料 盐、食用油各适量。

做法

① 西瓜皮、山药均去皮，切丁，用盐腌制片刻。

② 锅中倒油烧热，放入西瓜皮、山药翻炒至熟，加盐调味即可。

营养小典：西瓜皮的营养十分丰富，含葡萄糖、苹果酸、枸杞碱、果糖、蔗糖酶、蛋白氨基酸、西瓜氨基酸、番茄素及丰富的维生素C等。

美味西瓜鸡

主料 鸡肉300克，西瓜1个，笋片、火腿片、香菇各25克。

调料 葱段、姜片、料酒、精盐各适量。

做法

1. 香菇泡软；鸡肉切块，与葱段、姜片、料酒同入锅煮熟，拣去葱段、姜片，留鸡汤待用。
2. 西瓜由上端1/5处切成瓜盖，挖出瓜肉；将西瓜皮放入沸水中略烫一下，用凉水浸凉。
3. 将熟鸡块填入西瓜中，加香菇、笋片、火腿片、鸡汤、精盐拌匀，盖上瓜盖，上蒸锅大火蒸15分钟即可。

营养小典：该菜有解毒利尿、保护肾脏的功效。

黑豆糯米粥

主料 糯米100克，黑豆50克。

做法

1. 黑豆洗净，用水浸泡8小时；糯米淘洗干净，用水浸泡2小时。
2. 锅中倒入适量水，放入黑豆、糯米，共煮成粥即可。

做法支招：黑豆不易熟，要用小火慢熬才能完全煮软、煮烂。

糯米年糕

主料 糯米400克，去核大枣50克。

调料 白糖、食用油各适量。

做法

1. 将去核大枣洗净，入笼蒸20分钟；糯米淘洗干净，用温水浸泡3小时，加白糖，入笼屉蒸熟。
2. 将蒸熟的糯米饭放入臼中，用木棒捣黏，加入大枣揉匀成糯米团。
3. 将糯米团放在涂有油的平盘中，按实，凉后倒在案上，切块装盘，撒白糖即可。

营养小典：糯米年糕含有蛋白质、脂肪、糖类、烟酸、钙、磷、钾、镁等营养元素。

开口笑

主料 大枣20克，糯米粉400克，葡萄干15克，朱古力彩针少许。

调料 果酱、白糖、蜂蜜、食用油各适量。

做法

1. 大枣洗净，开口去核；糯米粉加水揉成面团。
2. 在糯米中包入一粒葡萄干，逐一酿入大枣内，入六成油锅浸炸至熟，捞出沥油。
3. 锅留底油，加少许水，放入白糖、蜂蜜、果酱，烧至溶化，放入大枣，烧至汤汁紧包大枣，撒上朱古力彩针点缀即可。

营养小典：该菜有提高人体免疫力，防治骨质疏松和贫血，软化血管，安心宁神等作用。

珍珠丸子

主料 猪瘦肉300克，糯米150克，青芦叶50克，鸡蛋黄1个。

调料 淀粉、料酒、盐、味精各适量。

做法

1. 糯米洗净，用水浸泡8小时，沥干；青芦叶放入开水中焯一下，洗净，铺在小蒸笼内。
2. 猪瘦肉洗净，剁成蓉，加入料酒、盐、味精、鸡蛋黄、淀粉搅拌均匀成馅，将肉馅挤成核桃大小的肉丸，每个丸子上滚上一层糯米，然后放在蒸笼内。
3. 将蒸笼放在沸水锅中，大火蒸20分钟即可。

做法支招：糯米不易消化，不要多吃。

杧果糯米糕

主料 糯米粉350克，杧果、红豆沙各50克。

调料 白糖适量。

做法

1. 糯米粉加水、白糖揉匀，上锅蒸熟，取出，凉凉，切块；杧果去皮，取肉，切粒。
2. 在糯米粉块的中间夹一层红豆沙，放入蒸锅蒸5分钟，取出糯米糕待凉，放上杧果粒，摆盘即可。

做法支招：一定要等糯米糕凉后再放上杧果，不然会破坏杧果的风味。

饴糖糯米粥

主料 糯米100克。

调料 饴糖、姜丝各适量。

做法

1. 糯米淘洗干净，用水浸泡2小时。
2. 锅中倒适量水，放入糯米熬成粥，起锅时放入饴糖，盛出，加入姜丝调味即可。

营养小典：糯米味甘、性温，入脾、胃、肺经；具有补中益气，健脾养胃，止虚汗之功效。

五彩菠萝饭

主料 菠萝1个，糯米饭200克，芦笋、胡萝卜、彩椒、苹果各25克。

调料 白糖适量。

做法

1. 菠萝自上端横刀切去十分之一，做盖，挖出菠萝肉，少许切丁留用；芦笋洗净，切丁；胡萝卜去皮洗净，切丁；彩椒洗净，切丁；苹果去皮洗净，切丁。
2. 糯米饭中倒入菠萝丁、芦笋丁、胡萝卜丁、彩椒丁和苹果丁，加白糖拌匀，装入挖空的菠萝内，上锅蒸10分钟即可。

做法支招：做菠萝饭时，米饭要较硬，这样做出来的成品才有嚼头。

豌豆腊肠糯米饭

主料 糯米200克，腊肠、嫩豌豆各50克。

调料 盐、食用油各适量。

做法

1. 糯米淘洗干净，用水浸泡2小时，捞出糯米，浸泡水留用；腊肠切丁；嫩豌豆洗净。
2. 锅中倒油烧热，放入腊肠丁炒香，加入豌豆、盐炒匀，加入糯米翻炒5分钟，关火。
3. 将糯米饭装入电饭煲，加适量水，煮成米饭即可。

做法支招：糯米用水泡一下，是为了更容易做熟，而且口感更加软绵。

紫苋菜粥

主料 紫苋菜50克，糯米100克。

调料 盐适量。

做法

1. 糯米淘洗干净，用水浸泡2小时；苋菜洗净。
2. 锅中倒入适量水，放入苋菜煮10分钟，取汁，和糯米共煮至粥成，加盐调味即可。

营养小典：紫苋菜富含蛋白质，其所含蛋白质比牛奶中的蛋白质更能充分被人体吸收。

绿豆冬瓜汤

主料 冬瓜50克，绿豆200克。

调料 葱段、生姜、精盐、鲜汤各适量。

做法

1. 生姜洗净拍松；绿豆淘洗干净；冬瓜去皮、去瓤，洗净切块。
2. 锅置大火上，倒入鲜汤烧沸，撇去浮沫，放入生姜、葱段、绿豆、冬瓜煮熟，加精盐调味，起锅即成。

做法支招：最好用当年绿豆制作，冬瓜要在绿豆熟后下锅。

海带绿豆汤

主料 海带200克，玫瑰花、绿豆、甜杏仁各25克。

调料 红糖适量。

做法

1. 绿豆、甜杏仁洗净；海带洗净，切丝；玫瑰花洗净，装入纱布包扎紧。
2. 将海带丝、绿豆、甜杏仁一同放入锅中，加水适量，大火煮开，再小火烹煮，加入纱布装的玫瑰花，材料煮熟后，将玫瑰花取出，加入红糖即可。

营养小典：此汤缓解体虚，发热，调节内分泌。

绿豆冻肘

主料 绿豆100克，猪前蹄1000克。

调料 料酒、葱段、姜块、盐、味精各适量。

做法

1. 绿豆洗净，用水浸泡2小时，放入锅中煮烂。
2. 猪蹄刮洗干净，放入沸水锅煮20分钟，捞出沥干，去骨。
3. 猪蹄放入砂锅中，放入适量水、料酒、葱段、姜块，大火烧开，盖上盖，转小火炖至猪蹄烂，加入盐、味精调味。
4. 捞出猪蹄，放入深盘中，捞出肉汤中的葱段、姜块，放入绿豆，再将汤舀入平盘中，待凉透成冻，取出切块即可。

做法支招：猪蹄一定要刮洗干净。

红苋绿豆汤

主料 红苋菜100克，绿豆50克。

调料 盐、鸡精各适量。

做法

1. 红苋菜洗净，切段；绿豆淘洗干净，用水浸泡2小时。
2. 锅中放入绿豆和适量水，煮至豆皮裂开，放入苋菜、盐、鸡精，煮沸即可。

饮食宜忌：夏季食用绿豆可防暑养心。

绿豆饼

主料 绿豆、面粉各300克，绿豆粉100克，鸡蛋2个，牛奶100毫升。

调料 黄油、精盐、白糖、食用小苏打各适量。

做法

1. 绿豆淘洗干净，加水浸泡2小时，入锅蒸1小时，取出，捣成泥，凉凉，加入牛奶、黄油、精盐、白糖、鸡蛋液、面粉、绿豆粉、小苏打搅拌均匀。
2. 将绿豆面团放入模具摆出造型，放入预热好的烤箱，以180℃上下火烤10分钟即可。

做法支招：绿豆要煮得烂一点，去皮的绿豆口感更好。

杂豆粥

主料 饭豆、大米各50克，绿豆、红豆各25克，陈皮5克。

调料 红糖适量。

做法

1. 拣去各种豆中杂质，洗净，用水浸泡3小时；大米淘洗干净；陈皮浸软，洗净。
2. 锅内倒水烧沸，放入各种豆煮至开花，加入大米、陈皮同煮至烂，放入红糖溶化即可。

营养小典：这道五色豆粥开胃健脾，利水消肿，寒热搭配，不凉不燥，泻不伤脾胃，补不增淤滞，的确是一剂驻颜长寿的妙方。

草莓绿豆粥

主料 绿豆100克，草莓50克，糯米250克。

调料 白糖适量。

做法

1. 草莓洗净，用盐水浸泡30分钟，切丁；绿豆、糯米均淘洗干净，用水浸泡3小时。
2. 瓦煲中倒入适量水，中火烧沸，放入绿豆、糯米，改用小火煲至绿豆开花，加入草莓、白糖，续煲10分钟即可。

做法支招：草莓表面极易残留农药，要放在盐水中浸泡10分钟，再以流动的清水反复冲洗。

加味绿豆粥

主料 粳米100克，绿豆、薏米各30克，杏仁10克。

调料 冰糖适量。

做法

1. 粳米、绿豆、薏米、杏仁均淘洗干净，浸泡2小时。
2. 锅中倒入适量水，放入绿豆，大火煮沸，转小火煮至开花，加入粳米、薏米、杏仁、冰糖同煮成粥即可。

营养小典：此粥清热利湿，宣通三焦。适用于暑温、暑湿弥漫三焦。

绿豆粥

主料 绿豆50克，粳米100克。

调料 白糖适量。

做法

1. 绿豆淘洗干净，用水浸泡3小时；粳米淘洗干净。
2. 锅中倒入适量水，放入绿豆煮至开花，加入粳米、白糖煮至米熟豆烂即可。

做法支招：调入蜂蜜或者玫瑰糖，可以变化出不同的美味。

牛奶绿豆沙

主料 绿豆30克，牛奶200毫升。

调料 白糖适量。

做法

1. 绿豆淘洗干净，用水浸泡3小时，入锅蒸熟，去皮凉温。
2. 将熟绿豆仁与牛奶一起放入果汁机中打匀，加白糖调味即可。

营养小典：绿豆具有增进食欲与消暑利尿的功效。

绿豆冰棒

主料 绿豆100克。

调料 白糖、水淀粉各适量。

做法

1. 绿豆淘洗干净，用水浸泡3小时。
2. 锅中倒入适量水，放入绿豆，大火煮沸，改小火煮至水分将干，成绿豆沙，加入白糖拌煮至入味，熄火，加入水淀粉勾芡，凉后分装入冰棒盒模型中，插入冰棒棍，冰冻至结块即可。

做法支招：加入鲜奶，冰棒的味道会更好。

秋季润肺菜

秋季应多吃一些丰收的果实类食物，如冬瓜、丝瓜、荸荠、萝卜、百合、莲子、山药、藕、茄子、白果、西瓜、橘子、枇杷、杏仁、梨、甘蔗、大枣等食物，以及鲤鱼等水产品。大便干燥的人要多吃一些豆类，如黄豆、豇豆、豌豆等，以及红薯、土豆、香蕉、海蜇、芝麻油、花生油、玉米油、菜籽油等润肠食品。秋收季节食物比较多，对滋润肺阴的食物多进补，抓住时机，肺火旺的人在这时节也不能补得过寒凉，少吃辛味，以免伤肝。

还应多补充核桃、芝麻、蜂蜜等食物。

蒸素扣肉

主料 冬瓜400克，红椒10克。

调料 辣豆豉酱、酱油、食用油各适量。

做法

1. 冬瓜去皮、去子，切成大块；红椒洗净，切末。
2. 锅内倒油烧至八成热，放入冬瓜，炸至起虎皮样、成砖红色，出锅沥油。
3. 将炸好的冬瓜像扣肉一样扣入蒸钵中，在上面放上辣豆豉酱，淋酱油、上笼蒸20分钟，取出扣入盘中，撒上红椒末即可。

营养小典：冬瓜含有丰富的的蛋白质、糖类、维生素以及矿质元素等营养成分。

冬瓜杂菜煲

主料 冬瓜150克，胡萝卜、四季豆、黄瓜、红椒、水发香菇各50克。

调料 盐、味精、酱油、红油、姜片、蒜片、鲜汤、食用油各适量。

做法

1. 冬瓜、黄瓜、胡萝卜均去皮洗净，切条；四季豆撕去老筋，洗净，切段；红椒洗净，切条；水发香菇去蒂洗净，切条。
2. 锅内倒油烧热，放入姜片、蒜片煸香，放入冬胡萝卜、四季豆、盐、味精、酱油炒入味，加入红椒、黄瓜和香菇继续拌炒片刻，放鲜汤焖煮至菜熟，淋红油即可。

营养小典：此菜营养丰富，抗秋燥。

清蒸冬瓜鸡

主料 鸡脯肉、冬瓜各250克。

调料 鸡汤、酱油、料酒、葱段、味精、姜片、精盐各适量。

做法

1. 鸡脯肉洗净，切片；冬瓜去皮，去子，洗净，切片。
2. 大碗内码一层冬瓜片，再码一层鸡肉片，交替码好，加鸡汤、酱油、精盐、味精、葱段、料酒、姜片，上笼蒸透，取出，拣去葱、姜，整碗扣在盘中即可。

营养小典：此菜含有丰富的多种营养素，有益气养血、滋养五脏、生精添髓等功效。

干贝海带冬瓜汤

主料 冬瓜250克，水发海带50克，干贝25克。

调料 葱结、姜片、料酒、盐、食用油各适量。

做法

1. 干贝用冷水泡软，放入锅中，加适量水，加入葱结、姜片、料酒和少许水，中火煮至干贝酥烂。
2. 海带洗净，切块；冬瓜去皮、去子，洗净，切块。
3. 锅中倒油烧至五成热，放入冬瓜、海带，煸炒2分钟，倒入适量水，大火煮30分钟，将干贝连汤倒入锅中，大火煮15分钟，待冬瓜熟烂，加盐调味即可。

营养小典：冬瓜且钾盐含量高，钠盐含量较低，适合高血压、肾脏病、水肿病等患者食之。

扒鲍鱼冬瓜球

主料 净鲍鱼肉、冬瓜各150克，火腿，冬笋各20克，水发冬菇30克，青豆10克。

调料 食用油、葱段、姜片、清汤、味精各适量。

做法

1. 鲍鱼肉切花刀；冬瓜去皮、去子，切块；水发冬菇、冬笋均洗净，切丝；火腿切丝。
2. 锅内倒油烧至六成热，放入葱段、姜片煸香，加入清汤、鲍鱼肉、冬菇、冬笋、火腿、青豆、冬瓜，大火烧沸，改小火烧至菜熟，加味精调味即可。

营养小典：鲍鱼肥厚嫩软，营养丰富，冬瓜清淡可口，清热泻火，鲍鱼和冬瓜做成的这道菜是美容减肥的佳品。

海米冬瓜

主料 冬瓜250克，海米25克。

调料 食用油、精盐、鸡精、蒜末、香油各适量。

做法

1. 冬瓜去皮、去瓤，洗净切片；海米用温水浸泡洗净。
2. 净锅上火，倒油烧热，放入蒜末爆香，加入冬瓜小火炒至八成熟，投入海米，调入精盐、鸡精，大火炒至熟，淋入香油，装盘即可。

营养小典：此菜润肺生津，化痰止渴。

西芹双耳

主料 西芹200克，红甜椒100克，水发木耳、银耳各15克。

调料 酱油、味精、盐、糖各适量。

做法

1. 将西芹洗净，切段；水发木耳、银耳均洗净，木耳切丝，银耳撕成小朵；红甜椒去子洗净，切片。
2. 将所有原料放入热水锅汆烫片刻，捞出投凉沥水，加入调料拌匀即可。

营养小典：此菜滋阴补虚，提神补气，润肠通便。

南洋椰子羹

主料 椰子1个（约750克），银耳100克，牛奶100毫升。

调料 冰糖适量。

做法

1. 椰子去皮洗净，在顶端凿一个小洞，倒出椰汁后从蒂部锯开做成椰盅；椰汁与牛奶混合拌成椰奶；银耳加温水泡发，去根。
2. 椰盅加冰糖上笼蒸1小时后，用勺将椰肉刮成薄片，倒入银耳和椰奶，再用旺火蒸30分钟即可。

营养小典：益肾滋阴，清热解毒，止痢除烦。

双耳牡蛎汤

主料 水发木耳、牡蛎各100克，水发银耳50克。

调料 葱姜汁、高汤、料酒、盐、鸡精、醋各适量。

做法

1. 水发木耳、水发银耳均洗净，撕成小朵；牡蛎放入沸水锅中汆焯片刻，捞出沥干。
2. 锅置火上，加入高汤烧沸，放入木耳、银耳、料酒、葱姜汁、鸡精煮15分钟，倒入牡蛎，加入盐、醋煮熟，加鸡精调味即可。

营养小典：此汤提高机体免疫力，促进新陈代谢。

莲子银耳汤

主料 莲子20克，银耳25克。

调料 白糖适量。

做法

1. 莲子洗净，浸泡30分钟；银耳用水泡发，去蒂，洗净。
2. 将莲子、银耳同放入电饭锅中，加水煮烂，加白糖调味即可。

做法支招：夏天也可以放入冰箱冰镇后再吃，风味更佳。

豌豆苗扒银耳

主料 豌豆苗150克，水发银耳100克，彩椒丝20克。

调料 料酒、水淀粉、鸡精、香油、盐各适量。

做法

1. 水发银耳洗净，用沸水焯烫片刻，捞出沥干，撕成小朵；豌豆苗洗净；彩椒去蒂、子，切丝。
2. 锅置火上，加入适量水，放入银耳，加入盐、鸡精、料酒，中火煮5分钟，用水淀粉勾芡，淋上香油，撒上豌豆苗、彩椒丝，煮沸即可。

营养小典：这道菜具有补肾、润肺、提神、健脑的功效。

毛豆仁烩丝瓜

主料 毛豆仁、丝瓜各200克，红椒15克。

调料 葱花、蒜片、高汤、盐、食用油各适量。

做法

1. 丝瓜去皮，洗净，切块；红椒洗净，切丝；毛豆仁洗净。
2. 锅中倒油烧至五成热，放入葱花、蒜片、红椒炒香，放入毛豆仁、丝瓜炒熟，倒入高汤，烧至汤汁将干，加盐调味即可。

营养小典：丝瓜具有使皮肤洁白、细嫩的美容功效，搭配富含蛋白质及多种微量元素的毛豆，爽口又健康。

豉油皇鸡

主料 鸡肉200克，丝瓜100克，洋葱20克。

调料 盐、味精、酱油、豆豉、干椒丝、食用油各适量。

做法

1. 鸡肉洗净，切丁；洋葱洗净，切丝；丝瓜洗净，去皮，切段，放入加了盐的沸水锅烫熟，捞出沥干，摆在盘中。
2. 锅中倒油烧热，放入干椒丝炸香，放入鸡肉滑炒至变色，加洋葱炒匀，加盐、味精、酱油、豆豉调味，炒熟盛入丝瓜盘中即可。

做法支招：在盘中可以摆一些菜丝，造型更美观。

油条丝瓜

主料 丝瓜、油条各200克，胡萝卜25克。

调料 食用油、葱段、姜末、盐、鸡精各适量。

做法

1. 丝瓜削皮，洗净，和油条一起切成小段；胡萝卜去皮，洗净，切丝。
2. 炒锅倒油烧热，放入葱段、姜末爆香，放入丝瓜、油条、胡萝卜，翻炒1分钟，淋少许水，盖上锅盖焖煮至水蒸气冒出，揭开锅盖，加盐、鸡精调味，旺火炒匀即可。

营养小典：该菜有排毒养颜，消雀斑、增白、去皱的功效。

馋嘴牛蛙

主料 牛蛙200克，丝瓜250克。

调料 葱姜蒜末、辣豆瓣酱、花椒、料酒、淀粉、酱油、盐、胡椒粉、食用油各适量。

做法

1. 丝瓜去皮洗净，切块；牛蛙宰杀洗净，切块，加盐、淀粉腌制30分钟。
2. 锅中倒油烧热，放入葱姜蒜末、花椒、辣豆瓣酱煸香，放入牛蛙炒至变色，加入丝瓜翻炒均匀，放入料酒稍翻炒，加适量水、酱油、盐、胡椒粉，大火烧沸，改小火焖5分钟即可。

营养小典：牛蛙的营养价值非常丰富，是一种高蛋白质、低脂肪、低胆固醇营养食品。

燕麦猪肉饼

主料 猪瘦肉馅300克，荸荠50克，燕麦片、冬菇各20克。

调料 白糖、淀粉、盐各适量。

做法

1. 猪瘦肉馅加盐、白糖、淀粉拌匀腌制30分钟；冬菇浸软，荸荠去皮，一同剁碎。
2. 碗中倒入燕麦片、猪肉馅、冬菇、荸荠末和适量水，搅匀，制成饼状，摆盘。
3. 整盘入蒸笼中，大火蒸15分钟即可。

营养小典：燕麦具有抗氧化功效、增加肌肤活性、延缓肌肤衰老、美白保湿、减少皱纹色斑、抗过敏等功效。

香煎鸡肉饼

主料 鸡肉泥200克，肥肉馅30克，净荸荠丁、糯米粉各50克。

调料 盐、鸡精、料酒、葱姜丝、水淀粉、食用油各适量。

做法

1. 鸡肉泥加肥肉馅、荸荠丁、糯米粉、盐、水淀粉、鸡精、料酒搅匀，制成鸡肉蓉。
2. 平底锅倒油烧热，将鸡肉蓉挤成大小均匀的丸子入锅，用铲子将丸子压成饼，煎至两面金黄，加入葱姜丝，煎至出香，捞出沥油即可。

营养小典：此饼美容养颜，强身健体。

炒白萝卜

主料 白萝卜200克，红辣椒10克。

调料 干辣椒段、蚝油、盐、食用油各适量。

做法

1. 白萝卜去皮，切成片；红辣椒切圈。
2. 锅内倒油烧至七成热，放入红辣椒爆香，加入白萝卜、干辣椒段翻炒均匀，加入盐、蚝油和少许水，炒至汤汁收干即可。

饮食宜忌：萝卜具有通气的效果，一次不要吃太多。

清甜萝卜

主料 胡萝卜、白萝卜各100克，油豆腐、西蓝花各50克，山楂10克。

调料 盐适量。

做法

1. 山楂洗净，入锅，加适量水，煮15分钟，滤渣取汁；胡萝卜、白萝卜去皮洗净，切块，和油豆腐一起入沸水锅煮软，捞起沥水；西蓝花洗净，掰成小朵，入沸水锅焯烫后捞出。
2. 所有材料装盘，加山楂汁、盐拌匀即可。

营养小典：白萝卜是家庭餐桌上最常见的一道美食，含有丰富的维生素A、维生素C、淀粉酶、氧化酶、锰等元素。

白萝卜浓汤

主料 白萝卜200克。

调料 高汤、水淀粉各适量。

做法

① 白萝卜洗净，去皮，切丝，入锅烫软，捞出沥干，捣烂。

② 锅置火上，放入高汤，大火煮开，放入捣烂的白萝卜略煮，用水淀粉勾芡即可。

做法支招：白萝卜宜选择嫩一些的，过老的萝卜会让胃产生烧灼感。

高汤汆萝卜丝

主料 白萝卜100克，胡萝卜30克，鸡架100克。

调料 盐适量。

做法

① 鸡架洗净，放入锅中，加适量水，熬煮1个小时。

② 白萝卜、胡萝卜均去皮洗净，切丝，放入沸水锅焯烫片刻，捞出沥干。

③ 在鸡架汤中加盐调味，倒入萝卜丝，煮至菜熟即可。

做法支招：熬煮鸡架汤时要将表面的浮沫撇去。

红烧羊尾

主料 羊尾300克，白萝卜200克。

调料 羊肉汤、葱段、姜块、花椒、八角茴香、桂皮、酱油、料酒、盐各适量。

做法

① 羊尾洗净，切块，放入沸水锅汆烫片刻，捞出洗净；白萝卜洗净，切大块。

② 锅里倒入羊肉汤，大火烧沸，加入羊尾，煮至八成熟，加入萝卜、酱油、盐、料酒、八角茴香、桂皮、葱段、姜块、花椒，小火烧至肉熟烂即可。

做法支招：如果不喜欢白萝卜的味道，也可以先用开水将白萝卜汆烫一下。

萝卜丝珍珠贝

主料 白萝卜、珍珠贝肉各100克，胡萝卜、香菇、小油菜各10克。

调料 盐、鸡精、高汤各适量。

做法

1. 白萝卜、香菇均洗净，切丝；胡萝卜去皮洗净，切片；小油菜洗净；珍珠贝肉洗净，放入沸水锅氽烫片刻，捞出沥干。
2. 锅中倒入高汤烧开，放入白萝卜、胡萝卜、香菇、小油菜、珍珠贝肉，加入盐、鸡精，大火煮3分钟即可。

做法支招：贝肉如果买新鲜的一定要买活的。

白萝卜肉末粥

主料 白萝卜100克，大米50克，肉末10克。

调料 盐适量。

做法

1. 白萝卜去皮洗净，切片；大米淘洗干净。
2. 锅中倒入适量水，放入白萝卜，中火煮30分钟，加入大米、肉末同煮至米烂汤稠，加盐调味，煮沸即可。

营养小典：该粥有开胸顺气，健胃的功效。

海参百合汤

主料 水发海参300克，百合20克，当归10克。

调料 姜丝、盐、胡椒粉、高汤、食用油各适量。

做法

1. 百合洗净，掰瓣；水发海参洗净，放入高汤锅煮50分钟，捞出沥干。
2. 锅中倒油烧热，放入姜丝爆香，加入适量水、当归，大火煮沸，加入百合、海参，煮5分钟，加盐、胡椒粉调味即可。

做法支招：发好的海参不能久存，最好不超过3天。

百合炒虾仁

主料 虾仁250克，百合100克，红椒10克。

调料 食用油、精盐各适量。

做法

1. 百合剥瓣，洗净；红椒洗净，切片；虾仁去除虾线，洗净，划开背部。
2. 锅置火上，倒油烧热，放入虾仁翻炒片刻，加入百合、红椒和少许水继续翻炒至虾仁熟，加精盐炒匀即可。

营养小典：此菜可以增强体内新陈代谢，清新润肺。

甜蜜四宝

主料 莴笋、核桃仁、百合、板栗肉各50克，大枣30克。

调料 盐、香油、味精、食用油各适量。

做法

1. 莴笋去皮，洗净切丁；大枣、核桃仁、百合、板栗肉均洗净。
2. 锅中倒油烧热，加入莴笋、百合、板栗肉、核桃仁、大枣，大火炒熟，放入盐、味精、香油炒匀即可。

做法支招：板栗肉最好用煮熟的，生的难以炒熟。

冰糖什锦

主料 莲子、银耳、菠萝、百合、山药、西米、樱桃各10克。

调料 冰糖适量。

做法

1. 菠萝洗净，切丁；山药去皮洗净，切丁；银耳用水泡发，去蒂，洗净；莲子入锅蒸熟；西米淘洗干净，浸泡30分钟；百合洗净，掰瓣；樱桃洗净，切成小粒。
2. 锅中倒水烧沸，放入冰糖、莲子、西米、山药、一起煮熟，加入银耳、百合、菠萝，大火煮沸，盛入汤碗中，撒上樱桃粒即可。

做法支招：冰糖不可放得太多。

冰糖湘莲

主料 莲子50克，樱桃、菠萝、青豆、乌梅各25克。

调料 冰糖适量。

做法

1. 莲子去莲心，放入锅蒸熟；菠萝切丁；青豆洗净，入锅煮10分钟，捞出沥干。
2. 锅中倒入适量水，放入莲子、菠萝、青豆、乌梅、樱桃，小火煮1小时即可。

营养小典：莲子营养十分丰富，除含有大量淀粉外，还含有β-谷固醇，生物碱及丰富的钙、磷、铁等矿物质和维生素。

拔丝莲子

主料 水发莲子200克，面粉50克。

调料 白糖、淀粉、食用油各适量。

做法

1. 水发莲子洗净，蘸上面粉，再裹匀淀粉。
2. 锅内倒油烧至五六成热，放入裹匀淀粉的莲子，炸至成金黄色，捞出，控净油。
3. 另锅放入白糖，倒入温水，慢慢熬炒，见糖由稠变稀、由白色变成浅黄色时，放入炸好的莲子颠翻几下，见糖汁均匀包裹住莲子即可。

做法支招：过油炸莲子时，油温不可过高，一般在四成热左右，炸至金黄色时即可捞出，控净油。

莲子炖猪肚

主料 猪肚300克，去芯莲子30克。

调料 盐、姜丝、鸡精、淀粉、醋各适量。

做法

1. 猪肚用淀粉、醋搓洗干净，用水冲净；去芯莲子洗净。
2. 炖盅倒入适量水，放入莲子、猪肚、姜丝，小火炖2小时，加盐、鸡精调味即可。

营养小典：此菜有健脾益胃、补虚益气、易于消化的作用。

鲜莲冬瓜盅

主料 带底冬瓜半个，鸡、鸭、猪肉各50克，蟹肉、火腿各25克，去芯莲子30克。

调料 高汤、味精、精盐、姜片、料酒、淀粉各适量。

做法

1. 冬瓜洗净，去掉瓜瓤成盆状，入沸水锅煮5分钟，取出凉凉；鸡、鸭、猪肉均洗净，切丁，用淀粉拌匀，放入沸水锅汆熟，捞出沥干；去芯莲子放入沸水锅焯烫片刻，捞出沥干；火腿切丁。
2. 锅中倒入高汤烧沸，下入鲜莲子、蟹肉煮熟。
3. 将以上各料放入冬瓜盆中，加味精、精盐、料酒，上笼蒸至冬瓜熟透，取出，去掉姜片即可。

营养小典：此冬瓜盅滋味鲜美，强身健体。

红豆莲子汤

主料 红豆100克，莲子50克。

调料 冰糖适量。

做法

1. 红豆洗净，浸泡2小时；莲子洗净，去芯，浸泡2小时。
2. 红豆、莲子一起放入电饭煲里，倒入适量水，煲2小时至熟烂，加入冰糖溶化即可。

营养小典：红豆益气补血，配莲子有宁心安神的功效。

莲子养心汤

主料 莲子、山药各50克，枸杞子、桂圆干、金橘各15克。

调料 姜片、陈皮、红糖各适量。

做法

1. 莲子、桂圆干、枸杞子均洗净，浸泡60分钟；山药去皮，洗净，切片；金橘洗净。
2. 将所有原料放入炖锅中，加适量水，煮至原料变软，再加入适量红糖或冰糖，煮沸即成。

营养小典：此汤滋阴润燥，宁心安神。

莲子龙须猪肉汤

主料 猪瘦肉150克，腐竹100克，龙须菜50克，莲子15克。

调料 精盐、味精各适量。

做法

1. 腐竹、龙须菜分别用清水泡发，切细；猪瘦肉洗净，切片。
2. 腐竹、龙须菜、猪肉、莲子同入锅中，加适量水煲汤，调入精盐、味精即成。

营养小典：养阴软坚，清热化痰，降压降脂。适用于辅助治疗高血压、动脉硬化、慢性支气管炎及癌肿等。

莲枣银耳羹

主料 大枣、银耳、莲子、杏仁各15克，胡萝卜5克。

调料 冰糖适量。

做法

1. 大枣、银耳、莲子、杏仁均洗净，浸泡1小时；大枣去核；胡萝卜洗净，切片。
2. 锅中倒入适量水，放入大枣、胡萝卜、莲子、杏仁煮软，再放入银耳煮至银耳变软，加入冰糖，拌溶即可。

营养小典：此羹补中益气，健脾养胃。

圣女果山药泥

主料 山药300克，圣女果15克。

调料 鲜奶油、番茄酱各适量。

做法

1. 圣女果洗净，切成两半；山药洗净切段，连皮入蒸锅蒸20分钟，取出放凉，去皮，放入密封袋，封好口，用擀面杖擀成泥。
2. 在山药泥中加入少许鲜奶油，拌匀装盘。
3. 将番茄酱挤在山药泥上，点缀圣女果即可。

做法支招：如果没有鲜奶油，也可以用牛奶拌入山药泥中。

蓝莓山药泥

主料 山药200克。

调料 蓝莓果酱、鲜奶油各适量。

做法

1. 山药洗净切段，连皮入蒸锅蒸20分钟，取出去皮。
2. 将去皮的山药稍放凉后，放入密封袋，封好口，用擀面杖擀成泥。
3. 取出山药泥放入容器，加入少许鲜奶油，拌匀，在盘内堆成塔状。
4. 淋适量蓝莓果酱在山药泥上即可。

做法支招：懒得用擀面杖制作山药泥的话，也可以直接用搅拌器来制作。

黄金山药条

主料 山药300克，熟咸鸭蛋黄50克。

调料 食用油、白糖、味精各适量。

做法

1. 山药去皮切条；熟咸鸭蛋黄用刀压碎，加白糖、味精调匀。
2. 锅内倒油烧至五成热，加山药条，炸至金黄色，捞出沥干。
3. 锅留底油烧热，加咸鸭蛋黄炒匀，加山药条颠炒均匀即成。

做法支招：炒咸鸭蛋黄要用中火，翻勺要均匀。

清炒山药

主料 山药400克，枸杞子10克。

调料 葱花、鸡精、盐、食用油各适量。

做法

1. 山药去皮，切片，放入沸水锅焯烫片刻，捞出沥干；枸杞子洗净。
2. 锅内倒油烧热，放入山药片，中火炒熟，加入盐、鸡精、葱花、枸杞子，翻炒均匀即可。

做法支招：要是喜欢山药的口感粉一点，可以延长氽烫的时间。

山药皮肚

主料 油发皮肚(肉皮)150克，山药100克，荷兰豆、胡萝卜各50克。

调料 盐、味精、料酒、胡椒粉、食用油各适量。

做法

1. 油发皮肚泡水回软，洗净，放入沸水锅氽烫片刻，捞出沥干，切片。
2. 山药、胡萝卜均去皮洗净，切片；荷兰豆洗净，切片。
3. 锅中倒油烧热，放入皮肚、山药、荷兰豆、胡萝卜翻炒均匀，加适量水烧开，加盐、味精、料酒调味，撒胡椒粉即可。

营养小典：此菜滋阴润燥，大补脾胃。

红豆山药盒

主料 山药150克，红豆馅100克，椰蓉30克，鸡蛋1个。

调料 香炸粉、食用油各适量。

做法

1. 山药去皮洗净，切成夹刀片；红豆馅填入山药中；香炸粉加水调成糊。
2. 锅中倒油烧热，将山药盒挂匀糊，蘸上椰蓉，下油锅炸至山药成熟即可。

营养小典：山药含有淀粉酶、多酚氧化酶等物质，有利于脾胃消化吸收功能，是一味平补脾胃的药食两用之品。

山药砂锅牛肉

主料 牛肉300克，山药200克。

调料 香菜叶、葱段、姜片、花椒、料酒、盐、味精各适量。

做法

1. 牛肉洗净，切块，放入沸水锅氽烫5分钟，捞出沥水；山药去皮，洗净，切块。
2. 砂锅中放入适量水、牛肉、葱段、姜片、料酒，中火煮沸，加入花椒，小火炖至牛肉半熟，放入山药，炖至牛肉酥烂，拣出葱段、姜片，放入盐、味精调味，加香菜叶点缀即可。

做法支招：炖牛肉时加入少许啤酒，可以让牛肉更加熟烂入味。

当归山药炖羊肉

主料 羊肉、山药各250克，当归、枸杞子各5克。

调料 姜片、味精、胡椒粉、盐各适量。

做法

1. 羊肉洗净，切块，入锅汆烫后捞出。
2. 山药去皮，切滚刀块，用水浸泡30分钟。
3. 将羊肉、当归、姜片放入炖锅内，小火炖30分钟，放入山药，炖至山药熟透，加盐、味精、胡椒粉调味，撒入枸杞子即可。

做法支招：当归不要买金黄色的，以防止买到硫黄熏制的。

一品香酥藕

主料 莲藕400克，肉馅200克，面粉50克，鸡蛋1个。

调料 葱花、姜末、淀粉、料酒、胡椒粉、食用油各适量。

做法

1. 莲藕去皮洗净，第一刀切至2/3处，第二刀切断，依次切好。
2. 肉馅中加入葱花、姜末、胡椒粉、料酒搅拌均匀；鸡蛋磕入碗中，加入面粉、淀粉和适量水，搅拌成蛋面糊。
3. 莲藕中夹入肉馅，裹匀面糊，放入油锅炸至两面金黄色，捞出沥油，装盘即可。

做法支招：粗壮、表皮无病斑的藕为佳。

酸辣藕丁

主料 莲藕300克，泡椒30克。

调料 葱花、盐、鸡精、陈醋、食用油各适量。

做法

1. 莲藕洗净，切丁，放入沸水锅稍烫，捞出沥干；泡椒切碎。
2. 锅中倒油烧热，放入泡椒炒香，加入莲藕丁翻炒片刻，加盐、陈醋炒匀，炒至莲藕熟，加鸡精调味，撒葱花即可。

做法支招：应根据能吃辣的程度来决定辣椒的多少。

鲍汁莲藕夹

主料 莲藕200克，猪肉馅150克，鸡蛋清30克。

调料 高汤、蚝油、鲍鱼汁、淀粉、鸡精、蜂蜜、料酒、盐各适量。

做法

1. 莲藕洗净，切片；猪肉馅加盐、鸡精、鸡蛋清、淀粉和适量水，朝一个方向搅拌上劲。
2. 将肉馅夹在两片莲藕之间，入锅蒸熟，盛出装盘。
3. 净锅上火，倒入料酒、高汤，调入鲍鱼汁、蜂蜜、鸡精、盐、蚝油，大火烧沸，用水淀粉勾芡，成鲍汁芡，淋在藕夹上即可。

做法支招：莲藕要挑选外皮呈黄褐色、肉肥厚而白的，如果发黑、有异味，则不宜食用。

腊排骨炖湖藕

主料 腊排骨400克，湖藕200克。

调料 葱结、姜块、香油、胡椒粉、盐、味精各适量。

做法

1. 腊排骨剁成块，湖藕洗净，切滚刀块，入锅焯烫片刻，捞出沥干。
2. 将腊排骨、湖藕置于砂锅内，加适量水，将姜块、葱结、香油一同放入砂锅中，中火炖至骨烂藕香，除去姜块、葱结，放入盐、味精、胡椒粉，推匀即可。

营养小典：在块茎类食物中，湖藕含铁量较高，所以对缺铁性贫血的患者很适合。

藕粉鸽蛋羹

主料 鸽蛋200克，藕粉150克。

调料 白糖、糖桂花、香油各适量。

做法

1. 取几个小汤匙，抹匀香油，将鸽蛋分别磕入匙内，将汤匙放入蒸笼，用小火将鸽蛋蒸熟，取出。
2. 藕粉放入大碗中。
3. 锅中倒水烧沸，放入白糖、糖桂花，待糖溶化，倒入装有藕粉的碗中，边倒边搅拌均匀，分装碗内，放入鸽蛋即可。

营养小典：此羹温中益气，补肾填精。

水果杏仁豆腐

主料 菠萝、猕猴桃各20克，牛奶100毫升，杏仁露50毫升，琼脂1克。

调料 糖适量。

做法

1. 琼脂加少许水搅拌溶化，入锅煮沸后熄火，加入牛奶、杏仁露、糖拌匀，倒在一平盘上待凝固。
2. 菠萝、猕猴桃均去皮洗净，切丁。
3. 凝固的杏仁豆腐切方形小块，加入水果丁拌匀即可。

营养小典：杏仁富含维生素E，是补充钙质的极佳来源。

杏仁羹

主料 杏仁、核桃仁各20克，山药150克。

调料 蜂蜜适量。

做法

1. 杏仁、山药、核桃仁均洗净，去皮，放入榨汁机打碎，和匀。
2. 锅中倒入适量水，放入和匀的杏仁、山药、核桃粉煮沸，加入蜂蜜调匀即可。

营养小典：山药具有促进肠胃蠕动、润肠的功效，可以有效缓解便秘症状。

冰糖木瓜

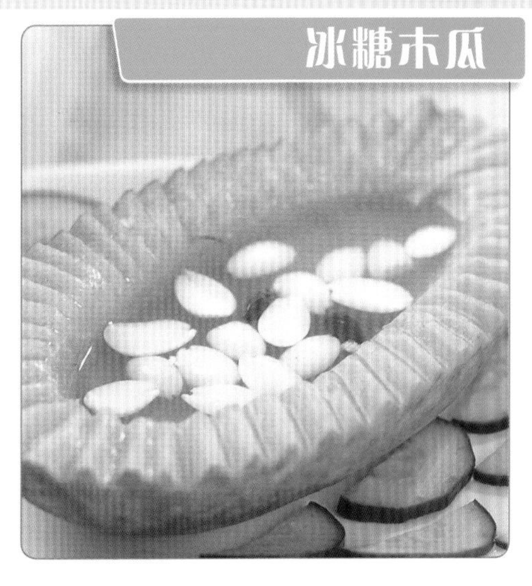

主料 木瓜200克，杏仁10克。

调料 冰糖适量。

做法

1. 冰糖捣碎；杏仁洗净，用水浸泡20分钟，去皮；木瓜洗净，切成两半，去籽。
2. 将冰糖、杏仁和适量水一起倒入木瓜中，拌匀，入笼蒸烂即可。

营养小典：木瓜含糖、有机酸、蛋白质、维生素、木瓜蛋白酶、脂肪酶，能健胃、助消化。木瓜含的木瓜蛋白酶可分解蛋白质为氨基酸。

杏仁鸡

主料 鸡1只，杏仁15克。

调料 葱姜丝、料酒、盐、食用油各适量。

做法

1. 鸡宰杀洗净，切块；杏仁洗净，用水浸泡30分钟。
2. 锅中倒油烧热，放入葱姜丝爆香，倒入鸡块翻炒至变色，加入适量水、盐、料酒和杏仁，大火煮开，改小火炖1小时即可。

营养小典：杏仁鸡可补虚损，润肺平喘，润肠；治疗慢性支气管炎、肺结核、便秘等症。

杏仁蛋糕

主料 牛奶100毫升，中筋面粉220克，杏仁粉30克，杏仁片10克。

调料 泡打粉、白糖各适量。

做法

1. 锅中倒入牛奶，放入白糖，用打蛋器拌匀。
2. 取中筋面粉、泡打粉、杏仁粉一起过筛，加入牛奶拌匀成面糊。
3. 将面糊倒入准备好的模具中，上面撒上杏仁片，放入预热好的烤箱中层，以上下火200℃烤焙约30分钟即可。

做法支招：杏仁片如果用的是熟的，那么最好是在蛋糕烤好后撒在上面。

杏仁酥

主料 面粉150克，鸡蛋2个，杏仁碎50克，杏仁片10克。

调料 白糖20克，泡打粉、小苏打各5克，食用油少许。

做法

1. 鸡蛋磕入碗中，加食用油、白糖混合均匀；面粉、泡打粉、小苏打混合过筛。
2. 将杏仁碎倒入过筛的粉中混合均匀，加入鸡蛋，揉成面团。
3. 将面团分小球，排入烤盘，压扁，上面按上杏仁片，放入预热的烤箱中层，以上下火180℃烤15分钟即可。

做法支招：也可以加入一些葡萄干。

杏仁饼干

主料 低筋面粉300克，黄油120克，鸡蛋2个，杏仁20克。

调料 白糖20克，泡打粉3克。

做法

1. 室温下软化黄油，用打蛋器打发，分两次加入鸡蛋，搅拌均匀；低筋面粉、泡打粉、白糖拌匀，筛入黄油中，揉匀成面团，装入保鲜袋中，放入冰箱中冷藏松弛30分钟。
2. 将松弛好的面团擀成片，分割成小块，中间按上杏仁，码入烤盘中。
3. 烤箱预热，将烤盘放入烤箱中层，以180°C上下火烤20分钟即可。

营养小典：杏仁饼干健脾开胃、滋阴润燥。

梨汁

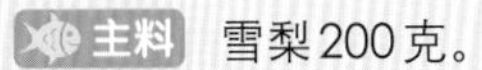

主料 雪梨200克。

调料 白糖适量。

做法

1. 将雪梨洗净，去皮，去核，切成小块。
2. 将雪梨放入榨汁机中，榨成汁，加入适量水、白糖调匀即可。

营养小典：雪梨性微寒，汁甜味美，有生津润燥、清热化痰、润肠通便的功效。

雪梨鸡丝

主料 鸡胸肉、雪梨各200克，彩椒20克，鸡蛋清30克。

调料 葱姜末、料酒、盐、味精、白糖、水淀粉、食用油各适量。

做法

1. 鸡胸肉洗净，切丝，加入鸡蛋清、盐、淀粉拌匀浆好；雪梨去皮洗净，切丝；彩椒切丝。
2. 锅中倒油烧热，放入葱姜末爆香，加入鸡丝、彩椒丝、料酒、盐、味精、白糖和适量水翻炒均匀，用水淀粉勾薄芡，加入梨丝，炒匀即可。

做法支招：雪梨丝不可炒久，应先倒入鸡柳与酱汁同煮入味后，才倒入雪梨丝；煮久的雪梨丝容易失去爽脆的口感，也易失去其清甜之味。

雪梨蒸山药

主料 山药200克，雪梨250克。

调料 白糖、朱古力彩针各适量。

做法

1. 山药、雪梨均去皮洗净，切成块。
2. 雪梨用榨汁器榨成汁。
3. 将雪梨汁倒在山药上，撒上白糖、朱古力彩针，上笼蒸15分钟即可。

做法支招：没有榨汁器也可以直接用擦板将雪梨擦成泥。

奶油雪梨汤

主料 雪梨100克，牛奶100毫升。

调料 白糖适量。

做法

1. 雪梨去皮洗净，切块，放入搅拌器中，开低速，慢慢加入牛奶，榨成汁。
2. 将雪梨牛奶汁倒入锅中，稍加热，倒入白糖搅匀即可。

营养小典：雪梨果实富含多种维生素、食用植物纤维，为高能低糖水果。

灯芯草雪梨汤

主料 灯芯草3克，雪梨200克。

调料 冰糖适量。

做法

1. 雪梨去皮洗净，切碎捣烂，取汁。
2. 冰糖捣成碎末。
3. 将灯芯草加水煎沸15分钟，去渣，加入雪梨汁、冰糖末后再次煮沸即可。

营养小典：此品具有清热除烦，滋阴利尿的功效。适用于心热所致的夜啼。

菠萝炒饭

主料 菠萝、西蓝花、大米各80克，发芽糙米50克。

调料 葱花、橄榄油、盐、胡椒、咖喱粉各适量。

做法

1. 大米洗净，加入发芽糙米和水煮成糙米饭。
2. 菠萝切成小块，泡盐水10分钟后捞出；西蓝花洗净，撕成小朵。
3. 锅中倒入橄榄油烧热，放入菠萝、西蓝花炒香，加入糙米饭，撒上盐、胡椒、咖喱粉，翻炒5分钟，起锅前撒上葱花炒匀即可。

做法支招：这道菜要趁热吃，不然口感会大打折扣。

贝母蒸梨饭

主料 川贝母10克，水梨200克，糯米100克。

调料 白糖适量。

做法

1. 水梨洗净，切成两半，挖掉梨心和部分果肉，果肉切丁；糯米洗净，浸泡2小时。
2. 贝母洗净，和糯米、梨肉、白糖拌匀，倒入梨内，盛在容器里，移入蒸锅，隔水蒸30分钟即可。

做法支招：要蒸至梨肉变成透明，才可食用。

花生大枣膏

主料 带衣花生米100克，大枣20克。

调料 白糖适量。

做法

1. 大枣洗净，煮熟，捞出去核。
2. 把大枣和花生米一起捣成泥，加白糖拌匀，入锅蒸30分钟即可。

营养小典：枣能提高人体免疫力，并可抑制癌细胞。

大枣山药炖南瓜

主料 南瓜、山药各200克，大枣50克。

调料 红糖适量。

做法

1. 山药去皮，洗净，切块；南瓜去皮、去瓤，洗净，切块；大枣洗净，去核。
2. 炖锅倒入适量水，下入大枣、南瓜、山药和红糖，盖盖，小火炖至山药、南瓜熟烂即可。

营养小典：南瓜自身含有的特殊营养成分，可增强机体免疫力，防止血管动脉硬化，在国际上已被视为特效保健蔬菜。

大枣蒸板栗

主料 板栗、大枣各150克。

调料 蜂蜜、冰糖各适量。

做法

1. 板栗洗净去皮；大枣洗净。
2. 冰糖加入热水化开，浇在板栗和大枣上面，上锅蒸20分钟，盛出，淋一勺蜂蜜即可。

营养小典：板栗富含维生素、胡萝卜素、氨基酸及铁、钙等微量元素，长期食用可达到养胃、健脾、补肾、养颜等保健功效。

大枣阿胶粥

主料 大枣20克，大米100克，阿胶粉5克。

做法

1. 大米淘洗干净；大枣洗净，去核。
2. 锅中加适量水烧开，放入大枣和大米，小火煮成粥，调入阿胶粉，稍煮几分钟，待阿胶溶化即可。

营养小典：此粥有益气固摄、养血止血作用。

枣柿饼

主料 柿饼150克，大枣50克，山萸肉25克。

做法

1. 柿饼去蒂，切成碎块；大枣洗净，去核。
2. 柿饼、大枣、山萸肉同放入容器内，捣成泥，制成饼，上笼蒸透即成。

营养小典：适用于治疗贫血伴虚火上扰之耳鸣等症。

芹黄鱼丝

主料 活鲤鱼500克，芹黄200克。

调料 姜蒜末、高汤、白糖、酱油、淀粉、醋、盐、鸡精、香油、食用油各适量。

做法

1. 活鲤鱼宰杀洗净，去骨去刺，将鱼肉切丝，加盐、淀粉拌匀腌制20分钟；芹黄洗净，切段；酱油、白糖、醋、鸡精、香油、淀粉加高汤兑成芡汁。
2. 锅置大火上，倒油烧热，倒入鱼肉丝滑至变色，捞出沥油。
3. 锅留底油烧热，放入姜蒜末、芹黄炒香，倒入鱼丝炒匀，烹入芡汁翻炒均匀即可。

营养小典：芹黄是每棵芹菜中间分量不多的嫩心，是芹菜中的精华，略带黄色，因此得名。

红豆鲤鱼汤

主料 红豆100克，鲜鲤鱼750克。

调料 料酒、盐各适量。

做法

1. 红豆洗净，用水浸泡3小时，入锅煮烂，取汤汁。
2. 鲤鱼宰杀洗净，倒入红豆汤汁中，大火煮沸，倒入料酒，小火煮1小时，加盐调味即可。

做法支招：新鲜鲤鱼的眼略凸，眼球黑白分明，眼面发亮。

贵州酸汤鱼

主料 鲤鱼750克，番茄200克，黄豆芽、水发木耳各20克。

调料 食用油、精盐、鸡精、白糖、醋、番茄酱、鲜汤、胡椒粉、葱姜丝、香菜段各适量。

做法

1. 鲤鱼宰杀洗净，切块，放入沸水锅汆烫后捞出，沥干；番茄洗净，放入搅拌机搅打成泥；黄豆芽、水发木耳均洗净。
2. 炒锅倒油烧热，放入葱姜丝爆香，放入番茄泥、番茄酱炒香，加入鲜汤、黄豆芽、木耳，调入精盐、白糖、醋、鸡精、胡椒粉，放入鱼块，炖至鱼熟入味，撒香菜段即可。

做法支招：原料要新鲜才能突出酸汤的纯正和特色。

煎烤番茄鱼

主料 净鲤鱼肉500克，蘑菇100克，番茄50克。

调料 蒜片、胡椒粉、精盐、白酒、辣椒粉、番茄酱、香叶、丁香、食用油各适量。

做法

1. 锅中倒油烧热，放入蒜片炒至发黄，放入番茄、香叶、丁香、番茄酱、辣椒粉和适量水，大火煮沸，改小火煮30分钟，制成番茄沙司；蘑菇洗净，切片。
2. 净鱼肉切条，加白酒、精盐、胡椒粉腌制15分钟，放在烤盘中，浇上番茄沙司，盖上蘑菇片，放入烤箱中层，以上下火200℃烤15分钟即可。

营养小典：鲤鱼的蛋白质含量高，质量佳，并能供给人体必需的氨基酸、矿物质和维生素。

兄弟全鱼

主料 鲜活鲤鱼750克，五花肉片100克。

调料 香菜段、料酒、姜片、葱段、干椒段、辣椒油、白糖、食用油、盐、味精各适量。

做法

1. 鲤鱼宰杀洗净，由嘴的中间片开成两片，在每片的上面每隔2厘米切一刀，不要切断。
2. 锅中倒油烧热，将鱼皮朝下煎一下，取出。
3. 锅留底油烧热，放入切好的肉片、葱段、姜片，煸炒后加入适量水、料酒、白糖、盐、味精、干椒段、辣椒油，大火烧开，放入鲤鱼，烧至鱼熟汤汁将干即可。

营养小典：鲤鱼的脂肪多为不饱和脂肪酸，能很好地降低胆固醇，可以防治动脉硬化、冠心病。

黄油煎红薯

主料 红薯400克，熟芝麻10克。

调料 蜂蜜、黄油各适量。

做法

1. 红薯去皮洗净，入锅煮软，捞出沥干，切成圆片。
2. 平底锅内放入黄油烧化，放入红薯片，煎至两面发黄，盛出后放入小盘内，浇上蜂蜜，撒上熟芝麻即可。

做法支招：掌握煎红薯的火候，火不要太大，也不能过小，使红薯煎至两面焦黄，防止煎煳。

红薯球

主料 红薯400克，火腿、冬菇、韭菜、熟鸡肉各15克。

调料 盐、味精、水淀粉、食用油各适量。

做法

1. 红薯去皮，用盐水浸泡片刻，上笼蒸熟，盛出，压成泥，加盐拌匀；火腿、冬菇、韭菜、熟鸡肉均切成细丝。
2. 将四丝拌匀，放盘内，将薯泥挤成丸子，滚匀各种丝料，放入盘里，入锅蒸5分钟，取出。
3. 锅中倒油烧热、放盐、味精和少许水，大火烧开，用水淀粉勾芡，浇在薯圆上即成。

营养小典：食用红薯不宜过量，中医诊断中的湿阻脾胃、气滞食积者应慎食。

糖水薯蓉汤丸

主料 黄心红薯200克，糯米粉100克。

调料 姜片、冰糖各适量。

做法

1. 红薯去皮，洗净切片，放盘中，隔水蒸熟，取出，压成泥，加入糯米粉揉匀，挤成薯蓉丸。
2. 锅中倒水，加入姜片、冰糖，煮至冰糖溶化，取出姜片不要，放入薯蓉丸，煮至丸子浮起即可。

营养小典：红薯、糯米、冰糖三者同食能通畅肠胃，防治便秘，益气力。

西柠香蕉

主料 香蕉400克，鸡蛋1个，面包渣100克。

调料 淀粉、食用油各适量。

做法

1. 香蕉去皮，切片；鸡蛋磕入碗中，加淀粉和适量水调成鸡蛋浆；将香蕉逐片裹匀淀粉，蘸匀鸡蛋液，再裹一层面包渣。
2. 锅中倒油烧至四五成热，放入香蕉片炸呈金黄色，捞出沥油，装盘即可。

做法支招：香蕉片要薄厚一样，炸时要掌握好油温。

拔丝香蕉

主料 香蕉300克，鸡蛋2个，面粉100克。

调料 白糖、食用油各适量。

做法

1. 香蕉去皮，切块；鸡蛋磕入碗中打散，加入面粉拌匀。
2. 锅中倒油烧热，将香蕉块蘸上面糊投入油中，炸至金黄色，捞出沥油。
3. 锅中倒少许水，放入白糖，煮至白糖溶化，用小火慢慢熬至糖汁呈黄色，倒入香蕉拌匀即可。

做法支招：用酸奶来代替糖汁，不仅美味，还有瘦身、纤体的功效。

银耳百合炖香蕉

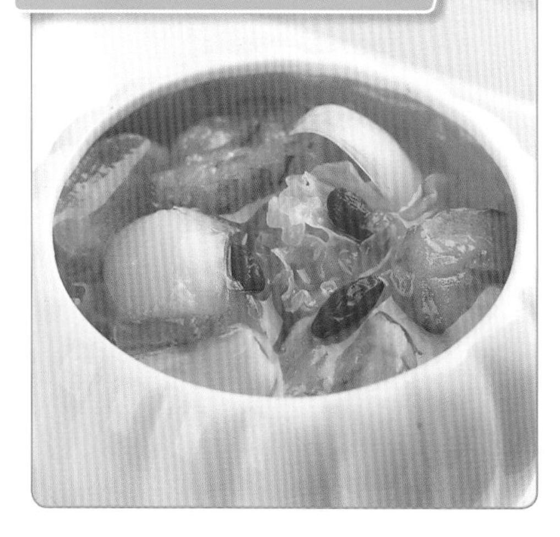

主料 银耳15克，百合、香蕉各100克，枸杞子5克。

调料 冰糖适量。

做法

1. 银耳用水泡发，去蒂，撕成小朵，放碗中，加适量水，入蒸笼蒸30分钟，取出；百合剥开，洗净；香蕉去皮，切片。
2. 所有原料放入炖盅，加入冰糖，入蒸笼蒸30分钟即可。

营养小典：银耳具有补肾、补脑、提神的作用。百合富含蛋白质、钙及胡萝卜素等营养物质，有养心、安神的功效。香蕉内含丰富的可溶性纤维，也就是果胶，可帮助消化，调整肠胃功能。

香蕉味鸡肉

主料 鸡脯肉200克，香蕉100克。

调料 炼乳适量。

做法

1. 鸡脯肉洗净，切碎；香蕉去皮，压碎。
2. 将香蕉、鸡脯肉同倒入大碗中，倒入炼乳和匀，放入微波炉加热至熟即可。

做法支招：可以加入少许盐调味。

香蕉蛋糕

主料 面粉200克，香蕉50克，鸡蛋1个。

调料 奶油、白糖各15克。

做法

1. 将面粉、蛋液与奶油混合均匀，加入切丁的香蕉拌匀。
2. 将拌好的蛋糕坯放入模具中，放入烤箱中层，以220℃上下火烤20分钟即可。

营养小典：香蕉含有丰富的糖类、蛋白质，还有丰富的钾、钙、磷、铁及维生素A、维生素B_1和维生素C等，具有润肠、通便的作用。

豆瓣海蜇头

主料 海蜇头150克，青豆50克。

调料 葱末、白糖、味精、香油、食用油各适量。

做法

1. 海蜇头洗净，切成小片，冲洗干净；青豆洗净，入锅煮熟。
2. 葱末放小碗内，浇入热油，制成葱油。
3. 将海蜇头滤去水，放大碗内，倒入沸水焯烫片刻，立即将沸水滗干，趁热加熟青豆、白糖、味精，淋入香油、葱油拌匀装盘即可。

营养小典：海蜇含有人体需要的多种营养成分，尤其含有人们饮食中所缺的碘，是一种重要的营养食品。

老醋蜇头

主料 海蜇头200克、黄瓜50克。

调料 葱花、蒜末、陈醋、香油、白糖、米酒、精盐、味精各适量。

做法

1. 海蜇头改刀切片，泡水去盐味，用热水稍烫，过凉水漂洗，使其脆爽，黄瓜洗净，切片。
2. 蜇头、黄瓜同放大碗中，加全部调料拌匀即可。

营养小典：海蜇含有类似于乙酰胆碱的物质，能扩张血管，降低血压。

醋芥末海蜇

主料 海蜇丝200克，白菜100克，红椒15克。

调料 香菜段、醋、白糖、芥末、盐、香油各适量。

做法

1. 海蜇丝洗净，用水浸泡6小时，中间换2次水。
2. 白菜洗净，去掉白菜叶，将白菜帮切成条，放入清水中浸泡10分钟；红椒切丝。
3. 海蜇丝、白菜条控干水分，放入大碗中，加入红椒、香菜段、盐、白糖、芥末、醋、香油，拌匀即可。

做法支招：新鲜海蜇有毒，必须用食盐、明矾腌渍，浸渍去毒滤去水分才能食用。

黄花菜拌海蜇

主料 海蜇200克，干黄花菜100克。

调料 盐、味精、醋、生抽、香油各适量。

做法

1. 干黄花菜用水泡发，洗净；海蜇洗净。
2. 锅内倒水烧沸，分别放入海蜇、黄花菜焯熟，捞出沥干。
3. 海蜇、黄花菜、同放大碗中，加盐、味精、醋、生抽、香油拌匀即可。

做法支招：海蜇头用沸水烫制时，水温不宜过高，水温越高，海蜇头收缩越大、排水越多而质地变老韧。

鸡丝拌蜇皮

主料 鸡肉100克，海蜇皮50克，黄瓜50克。

调料 食用油、精盐、香油、白醋、生抽、芥末各适量。

做法

1. 鸡肉、海蜇皮、黄瓜均洗净，切丝，加入精盐、生抽、白醋、芥末、香油拌匀腌制20分钟。
2. 锅中倒油烧热，放入鸡丝、海蜇皮丝、黄瓜丝炒熟即可。

营养小典：海蜇的营养极为丰富，有清热解毒、化痰软坚、降压消肿之功效。

核桃仁炒丝瓜

主料 核桃仁100克，丝瓜150克。

调料 葱丝、盐、食用油各适量。

做法

1. 核桃仁用开水浸泡洗净，切成小粒；丝瓜去皮洗净，切片。
2. 锅中倒油烧热，放入葱丝爆香，加入丝瓜翻炒均匀，待丝瓜炒软，倒入核桃粒，翻炒片刻，加盐炒匀即可。

营养小典：核桃中所含的微量元素锌和锰是脑垂体的重要成分，常食有益于脑的营养补充，有健脑益智作用。

琥珀蜜豆贝参

主料 北极贝、水发海参、核桃仁、豆角各100克，熟芝麻10克。

调料 食用油、精盐、鸡精各适量。

做法

1. 北极贝洗净沥干；水发海参洗净，切条；豆角洗净，切段，入沸水锅焯烫后捞出。
2. 炒锅点火，倒油烧热，放入核桃仁炒至变色，捞出沥油。
3. 另锅倒油烧热，倒入豆角煸炒片刻，加入海参、北极贝炒匀，调入精盐、鸡精，撒上核桃仁、芝麻炒匀即可。

营养小典：此菜可增强免疫力，健脑益智。

蒸核桃糕

主料 核桃粉、糯米粉各100克，牛奶100毫升。

调料 白糖适量。

做法

① 核桃粉、糯米粉、白糖、牛奶和适量水搅拌均匀，揉成光滑的面团。

② 将和好的面团放入沸水锅蒸30分钟，取出凉凉。

③ 菜刀抹上凉水，将面团切成片即可。

营养小典：核桃富有丰富的营养，是一种滋养强壮品，其中的磷脂对脑神经有良好保健作用。核桃可治神经衰弱、健忘、失眠、多梦和饮食不振等症。

松子核桃小米粥

主料 小米100克，松子仁、核桃仁各20克。

调料 白糖适量。

做法

① 松子仁、核桃仁洗净，用温水泡发，去皮；小米去沙，淘洗干净。

② 锅中放清水，加入松子仁、核桃仁，上火稍煮，水沸后，下入小米，用小火煮成粥，加入白糖即可。

营养小典：此菜可缓解恶心、呕吐等症状。

核桃酪

主料 核桃仁300克，小枣20克，糯米30克。

调料 白糖适量。

做法

① 核桃仁放小盆内，用开水泡片刻，去皮，切碎；糯米淘洗干净，用水浸泡2小时；小枣洗净，入锅蒸熟，取出，去皮，去核。

② 核桃仁、糯米、小枣一起放入搅拌机，加适量水，搅打至稀稠，倒出成核桃酪。

③ 锅中倒入核桃酪，放适量水、白糖，熬浓稠出香即可。

营养小典：核桃无论是配药用，还是单独生吃、水煮、做糖蘸、烧菜，都有补血养气、补肾填精、止咳平喘、润燥通便等良好功效。

核桃山楂汤

主料 核桃仁100克，干山楂少许。

调料 红糖适量。

做法

1. 将核桃仁、干山楂用水浸至软化，放入搅拌机打碎，倒出，加入适量水，过滤去渣。
2. 将滤好的汁液倒入锅中，煮沸，加红糖调味即可。

营养小典：山楂不仅能够帮助妈妈增进食欲，促进消化，还可以散瘀血，加之红糖补血益血的功效，可以促进恶露不尽的妈妈尽快化瘀，排尽恶露。

花生蜜枣

主料 大枣、花生米各100克。

调料 蜂蜜适量。

做法

1. 大枣、花生分别洗净，用温水浸泡30分钟。
2. 大枣、花生同入锅，加适量清水，用小火煮至汤汁浓稠，凉凉，加入蜂蜜调匀即可。

做法支招：煮大枣和花生时不要加蜂蜜，蜂蜜中的营养物质遇高温会被破坏，喜欢甜食者可适当放一点糖煮大枣和花生。

芝麻蜂蜜小米粥

主料 小米100克，芝麻20克。

调料 蜂蜜适量。

做法

1. 小米淘洗干净；芝麻洗净。
2. 锅中倒入适量水，放入小米，大火煮开，改小火熬至粥烂，盛出，淋上蜂蜜搅拌均匀即可。

营养小典：小米的营养价值很高，含有蛋白质及维生素，小米粥有“代参汤”之美称。

柏子仁粥

主料 柏子仁15克，粳米100克。

调料 蜂蜜适量。

做法

① 粳米淘洗干净；柏子仁洗净。

② 锅中倒入适量水，放入粳米、柏子仁，加适量水，小火煮3小时即可。

营养小典：每日分两次服用，可安血养神。大便秘结、失眠多梦者适用。

蜂蜜肘子

主料 猪肘1000克。

调料 蜂蜜、香菜段、葱段、姜块、八角茴香、花椒、鸡精、水淀粉、酱油各适量。

做法

① 猪肘洗净，入锅煮至八成熟，捞出去骨，在肘子肉面剞十字花刀，抹匀蜂蜜，保持肘皮不断。

② 将肘子皮面朝下摆大碗中，放入葱段、姜块、花椒、八角茴香、酱油和适量水，上笼隔水蒸烂，取出肘子，拣去葱段、姜块、花椒、八角茴香，将汤汁倒入炒锅中，肘子扣在盘中。

③ 炒锅点火，烧开汤汁，加入鸡精、水淀粉勾芡，浇在肘子上，撒上香菜段即成。

做法支招：做肘子最好选用猪前肘，口感比后肘好。

蜜制鸡翅

主料 鸡翅400克。

调料 蜂蜜、葱段、姜片、精盐、鸡精、胡椒粉、白糖、白酒、孜然粉各适量。

做法

① 鸡翅洗净，加入精盐、鸡精、胡椒粉、白糖、白酒、孜然粉、葱段、姜片，拌匀腌渍1小时。

② 鸡翅摆在烤盘中，待烤箱预热后，放入鸡翅，以200℃上下火烤8分钟，取出，均匀地抹上蜂蜜，再放入烤箱烤5分钟，取出再刷一层蜂蜜，入烤箱再烤2分钟即可。

做法支招：腌前在鸡翅表面划上几刀会更加入味。

冬季补肾菜

冬季肾主水，喜黑色，喜咸味，这个时节我们人类要多多吃一些滋阴潜阳的食物，首先要选择热量高的食物，但也不宜燥热，以免伤心。

要多吃一些山上生长的作物，补阴壮阳的物品，如各种山菜、羊肉、牛肉、鹿肉等，冬季所收藏的食物，冬季所生长的作物、蔬菜水果等，还有各种豆制品及豆类、菌类等。

冬季应滋补，但不要阳补、热补，可多吃一些水里的食物，如乌鱼、鲤鱼、鲫鱼等，各种蔬菜不能少，各种瓜类食物，如黄瓜、南瓜、冬瓜、西瓜、绿豆、赤小豆、蚕豆、茄子、大蒜等。做法时要清淡，少盐，低蛋白。

清炖羊肉

主料 羊腩肉500克。

调料 香菜段、葱段、姜块、花椒、八角茴香、桂皮、精盐、鸡精、胡椒粉各适量。

做法

1. 羊腩肉洗净，切块，入锅汆去血水，捞出沥干。
2. 炖锅点火，加水烧开，放入花椒、八角茴香、桂皮、葱段、姜块、羊腩肉块，大火烧沸，转小火炖2小时，加入精盐、鸡精、胡椒粉，再炖10分钟，撒香菜段即可。

营养小典：羊肉吃法也很多，但清炖最能保存营养价值。这道菜富含多种矿物质尤其是铁元素，也含有丰富的蛋白质、维生素B_1、维生素B_2和磷等。

它似蜜

主料 羊里脊肉200克，青椒、红椒片各15克。

调料 甜面酱、白糖、醋、酱油、料酒、盐、水淀粉、食用油各适量。

做法

1. 羊里脊肉洗净，切片，加入甜面酱、酱油、水淀粉，抓匀腌制15分钟;酱油、白糖、醋、盐、料酒、水淀粉同入碗中调匀成芡汁；青椒、红椒均洗净，切片。
2. 锅中倒油烧热，放入羊肉片滑透，控净油，放回锅中，加入青椒片、红椒片翻炒均匀，倒入芡汁炒匀即可。

做法支招：羊里脊肉是紧靠脊骨后侧的小长条肉，纤维细长，质地软嫩。适于熘、炒、炸、煎等。

红焖羊排

主料 羊排1000克。

调料 蒜瓣、葱姜末、食用油、胡椒粉、八角茴香、花椒、桂皮、水淀粉、酱油、白糖各适量。

做法

1. 羊排洗净，剁成段，放入沸水锅汆烫片刻，捞出沥干。
2. 锅中倒油烧热，放入葱姜末炒香，倒入羊排，加入酱油煸炒5分钟，添入适量水，加八角茴香、花椒、桂皮、白糖、胡椒粉、蒜瓣，小火煨烧至汤浓汁稠，用水淀粉勾薄芡即可。

做法支招：羊排焯水的时候放半个苹果，能帮助去除膻味。

铁盘羊肉

主料 羊肉400克。

调料 葱花、蒜瓣、花椒、香叶、桂皮、水淀粉、鸡精、白糖、孜然粒、盐、五香粉、食用油各适量。

做法

1. 羊肉洗净，切丁，放入冷水锅，加花椒、香叶、桂皮煮熟，捞出凉凉，加水淀粉、蚝油、盐、鸡精、白糖，拌匀腌制入味。
2. 锅中倒油烧热，放入蒜瓣炒香，放入羊肉炒熟，撒孜然粒、五香粉调味，盛铁盘中，撒葱花即可。

做法支招：切羊肉时应顺着纹路斜切，切起来轻松而且吃起来口感更佳。

鱼羊鲜

主料 鳜鱼肉、带皮羊肉各300克。

调料 葱丝、盐、味精、白糖、酱油、葱结、姜片、料酒、胡椒粉、食用油各适量。

做法

1. 鳜鱼肉、带皮羊肉均洗净，切块。
2. 锅中倒油烧热，放入葱结、姜片煸香，加入鳜鱼块煎至变色，放入羊肉块、酱油、盐、料酒和适量水，大火煮沸，改小火炖至羊肉熟烂，加白糖、味精调味，用旺火收浓汁，撒胡椒粉，撒上葱丝即可。

营养小典：鱼羊一起做菜味道能互补，有独特的鲜浓味道与营养。营养专家认为，两者都是传统的滋补品，冬日吃能补身子。

栗子炖羊肉

主料 羊里脊肉300克，栗子100克，枸杞子10克。

调料 香菜叶、料酒、鸡精、盐各适量。

做法

1. 羊里脊肉洗净，切块；栗子去皮洗净。
2. 锅置火上，加入适量水，放入羊肉块，大火煮开后，改小火煮至半熟，加入栗子、枸杞子，继续用小火煮20分钟，加入料酒、盐、鸡精拌匀，撒上香菜叶即可。

营养小典：栗子与羊肉搭配不仅可以补肾健脾，提高抗病能力，还可以缓和情绪、缓解疲劳。

萝卜炖羊肉

主料 羊肉500克，白萝卜、胡萝卜各150克。

调料 姜片、香菜段、醋、盐、鸡精各适量。

做法

1. 羊肉洗净，切块；白萝卜、胡萝卜均去皮洗净，切块。
2. 将羊肉、姜片放入锅内，加入适量水，大火烧开，改用中火熬煮1小时，放入萝卜块、盐，煮至菜熟，放入香菜段、鸡精调味，食用时，加入少许醋即可。

营养小典：常吃羊肉可以去湿气、避寒冷、暖心胃、补元阳。

滋补羊肉汤

主料 羊肉400克，枸杞子10克。

调料 葱段、精盐、鸡精、胡椒粉、高汤、香油各适量。

做法

1. 羊肉洗净，切片，入锅焯烫；枸杞子浸泡洗净。
2. 净锅上火，倒入高汤，放入葱段、羊肉片、枸杞子，煲至熟，调入精盐、鸡精、胡椒粉，淋入香油即可。

营养小典：此汤补虚祛寒，益肾气，开胃健脾，助元阳，生精血。

羊肉炒面片

主料 面片250克，羊肉片50克，洋葱片、青椒片各30克。

调料 食用油、料酒、海鲜酱、盐、鸡精、胡椒粉、香油各适量。

做法

1. 面片放入沸水锅煮熟，捞出过凉，控净水。
2. 锅中倒油烧热，投入洋葱片爆香，倒入羊肉片炒熟，加入面片、青椒片同炒片刻，加入料酒、盐、鸡精、海鲜酱、胡椒粉，翻炒均匀，淋香油即可。

做法支招：羊肉片也可采用上浆滑油的方法烹调。可先将洋葱、青椒、羊肉片炒好，再与面片同炒。

五香牛肉

主料 牛肉500克。

调料 葱段、姜片、料酒、白糖、酱油、花椒、八角茴香、桂皮、肉蔻、茴香、盐各适量。

做法

1. 牛肉切大块，放入沸水锅氽净血水，捞出沥干。
2. 花椒、八角茴香、桂皮、肉蔻、茴香同装入纱布袋中，制成料包。
3. 炖锅内加入适量水，放入料包，加入其余调料，大火烧沸，放入牛肉块，中火焖至牛肉熟烂，捞出，凉透后切片即成。

做法支招：牛肉较难煮烂，在煮的时候要注意一次性将水加满，不要中途再加水。

菠萝牛肉

主料 牛肉250克，菠萝100克。

调料 葱花、料酒、酱油、糖、水淀粉、盐、食用油各适量。

做法

1. 牛肉切片，加料酒、酱油、糖、淀粉腌制20分钟。
2. 菠萝去皮，用盐水浸泡20分钟，切丁。
3. 锅中倒油烧热，放入葱花煸香，倒入牛肉，翻炒至牛肉断生，加入菠萝炒匀，调入酱油、水淀粉、盐，翻炒均匀即可。

营养小典：牛肉的蛋白质含量高，并含多种人体必需的氨基酸和维生素，有强筋骨、补虚健体的作用。菠萝富含维生素C。

牛蒡炒牛肉

主料 瘦牛肉、牛蒡各150克，胡萝卜、豇豆各50克。

调料 白糖、料酒、酱油、香油、盐各适量。

做法

1. 牛蒡去皮洗净，切片，用水浸泡20分钟；胡萝卜去皮洗净，切片；瘦牛肉洗净，切片；豇豆洗净，切段，入锅焯至变色，捞出沥干。
2. 锅中倒入香油烧热，放入牛肉炒至变色，加入牛蒡、胡萝卜、豇豆翻炒均匀，放入白糖、料酒、盐、酱油和适量水，翻炒至汤汁煮干即可。

做法支招：将几种蔬菜混合在一块，摄入膳食纤维的效果更佳。

松仁牛柳

主料 牛里脊300克，松仁50克，鸡蛋1个。

调料 淀粉、胡椒粉、盐、食用油各适量。

做法

1. 牛里脊洗净，用刀背拍松，切大片，加盐、胡椒粉腌制入味；鸡蛋磕入碗中打匀。
2. 牛里脊片拍匀淀粉，裹匀蛋液，蘸匀松仁，压实。
3. 炒锅倒油烧至四成熟，放入牛柳炸至外黄酥脆，捞出沥油，改刀切条即可。

营养小典：松仁中富含蛋白质、糖类、脂肪。其脂肪大部分为油酸、亚油酸等不饱和脂肪酸，还含有钙、磷、铁等微量元素。

果汁牛柳

主料 牛通脊300克，彩椒50克，鸡蛋1个，面粉20克。

调料 姜片、料酒、盐、白糖、番茄酱、白醋、柠檬汁、水淀粉、食用油各适量。

做法

1. 牛通脊洗净，切条，加入鸡蛋、淀粉、面粉、盐拌匀腌渍20分钟；彩椒洗净，切菱形片。
2. 锅中倒油烧至四五成热，放入牛柳滑油至熟，捞出沥油。
3. 锅留底油烧热，放入姜片、番茄酱，料酒、柠檬汁、白醋、盐、白糖、水淀粉烧沸，放入牛柳、彩椒片翻炒均匀即可。

营养小典：此菜提高机体抗病能力，增强体力。

红酒炖牛腩

主料 牛腩500克，红酒100毫升，芹菜100克。

调料 食用油、姜片、精盐、味精各适量

做法

1. 牛腩洗净切块，放入沸水锅氽水后捞出；芹菜洗净，切段。
2. 炒锅倒油烧热，放入姜片、牛肉翻炒均匀，加适量水，大火烧开，改小火炖至牛肉熟烂，加红酒、芹菜、精盐、味精调味，稍炖即可。

营养小典：红酒不仅用来品饮，还可以用来佐餐，红酒非常适合搭配各种红肉食用，特别是牛肉。一起烹饪经常食用具有抗氧化作用，还能舒筋活血、减肥瘦身和养颜美白。

荷兰豆炒牛里脊

主料 牛里脊肉、荷兰豆各200克，胡萝卜50克。

调料 食用油、姜末、姜汁、酱油、料酒、白糖、淀粉、精盐各适量。

做法

1. 牛里脊肉洗净，切片，用淀粉、料酒、姜汁、酱油拌匀腌制10分钟；荷兰豆择洗干净；胡萝卜洗净，切片。
2. 锅中倒油烧至七成热，放入牛肉片炒至变色，加入荷兰豆，胡萝卜片翻炒1分钟，加入料酒、姜末、白糖和精盐，炒至牛肉断生即可。

做法支招：选购荷兰豆的时候，扁圆形表示成熟度最佳，若荚果正圆形就表示已经过老、筋凹陷也表示过老。

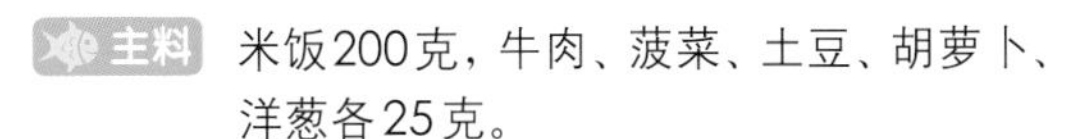

蔬菜牛肉粥

主料 米饭200克，牛肉、菠菜、土豆、胡萝卜、洋葱各25克。

调料 肉汤、精盐各适量。

做法

1. 牛肉洗净，剁碎；菠菜、胡萝卜、洋葱、土豆均洗净，入锅炖熟，捣碎。
2. 米饭、蔬菜和肉末放入锅中煮沸，加盐调味即可。

营养小典：牛肉在冬天食用具有暖胃的作用，而且牛肉含有丰富的蛋白质，氨基酸组成也更接近人体需要，特别适合术后和调养的人食用。

花生乌鱼

主料 黑鱼1条(约750克)，豌豆苗、花生米各50克，大枣30克。

调料 盐、料酒、白胡椒粉、食用油、清汤各适量。

做法

1. 黑鱼洗净，放入沸水锅汆烫片刻，捞出放入冷水中，去除鱼皮，切段；豌豆苗、大枣均洗净。
2. 锅中倒入清汤，放入鱼块、料酒、大枣、花生米，小火烧至汤浓，加入豌豆苗，用盐、白胡椒粉调味即可。

营养小典：该菜有美容养颜，润泽肌肤的功效。

炒黑鱼片

主料 黑鱼肉300克，黄瓜、水发木耳各50克。

调料 水淀粉、盐、料酒、葱花、姜末、香醋、食用油各适量。

做法

1. 黑鱼肉去皮、去骨、去刺，洗净，切大片，加盐、料酒、水淀粉拌匀上浆；黄瓜去皮洗净，切片；水发木耳洗净，撕成小朵。
2. 炒锅倒油烧热，放入葱花、姜末炒香，放入鱼片炒至变色，加入黄瓜片、木耳炒匀，调入盐、料酒，用水淀粉勾芡，装入滴有香醋的盘中即可。

做法支招：在盘中滴上少许香醋，再装入鱼片，可增香去腥，这种方法叫“暗醋”。

酸菜鱼

主料 黑鱼肉400克，酸菜100克，红辣椒10克。

调料 泡子姜、葱花、花椒、蒜瓣、料酒、肉汤、盐、食用油各适量。

做法

1. 黑鱼肉去皮、去骨、去刺，洗净，切大片；酸菜挤干水分，切成细丝；红辣椒洗净，切圈。
2. 锅中倒油烧至六成热，放入红辣椒、泡子姜、葱花、花椒、蒜瓣爆香，倒入料酒、肉汤，放入鱼片，大火煮沸，改小火，放入酸菜，烧10分钟，加盐调味即可。

营养小典：黑鱼肉中含蛋白质、脂肪、18种氨基酸等，还含有人体必需的钙、磷、铁及多种维生素。

牛蒡黑鱼汤

主料 黑鱼500克，牛蒡150克，枸杞子5克。

调料 葱段、姜片、料酒、盐、食用油各适量。

做法

1. 黑鱼洗净，切成大块；牛蒡去皮切块，放入沸水中焯烫片刻，捞出沥干。
2. 锅中倒油烧热，放入葱段、姜片爆香，放入鱼块翻炒片刻，加入料酒、牛蒡、枸杞子和适量水，中火焖烧20分钟，加盐调味即可。

营养小典：牛蒡含有丰富的蛋白质、钙、维生素，其中胡萝卜素的含量是胡萝卜的150倍。

茧儿羹

主料 黑鱼肉400克，油菜心100克，鸡蛋清30克。

调料 葱姜末、料酒、盐、味精、香油、清汤各适量。

做法

1. 黑鱼肉洗净，剁碎，加入葱末、姜末、料酒、味精、鸡蛋清、香油、盐，搅至上劲；油菜心洗净。
2. 锅里放入清汤烧热，把鱼肉挤成蚕茧状，入锅，加入料酒、味精、盐煮至鱼圆浮起，放入油菜心烧开，淋香油即可。

做法支招：氽鱼肉丸时火候不宜过大。

青苹果炖黑鱼

主料 黑鱼肉400克，青苹果、猪腱肉、鸡脯肉各100克。

调料 精盐、鸡精各适量。

做法

1. 猪腱肉、鸡脯肉均切块，汆水洗净；黑鱼肉洗净，切块；青苹果去子，切成块。
2. 黑鱼肉、猪腱肉、鸡肉放入炖盅，加入适量水，置于锅中，隔水上火炖1小时，撇去肥油，加入苹果炖30分钟，放入精盐、鸡精调味即可。

营养小典：黑鱼又叫乌鳢、乌鱼、生鱼、财鱼，是一种营养丰富、肉味鲜美的淡水鱼。

家常烧鲤鱼

主料 活鲤鱼750克。

调料 食用油、葱花、姜蒜片、花椒、料酒、米醋、酱油、精盐、味精、白糖各适量。

做法

1. 鲤鱼宰杀洗净，两面剞花刀。
2. 炒锅上火，倒油烧热，放入葱花、姜蒜片、花椒爆香，加料酒、米醋、酱油、精盐、味精、白糖调味，放入鲤鱼两面稍煎一下，加适量水，大火烧开，慢火煨至汤汁浓稠即可。

营养小典：鲤鱼本身有清水之功，米醋也有利湿的功能，若与鲤鱼同食，利湿的功效更强。

糖醋鲤鱼

主料 鲤鱼750克。

调料 葱花、姜蒜末、白糖、醋、水淀粉、酱油、料酒、盐、食用油各适量。

做法

1. 鲤鱼宰杀洗净，在鱼身两侧剞花刀，加料酒、盐、水淀粉抓匀上浆，腌制10分钟。
2. 酱油、料酒、醋、白糖、盐、水淀粉兑成味汁。
3. 锅中倒油烧至七成热，放入鲤鱼，炸至外皮呈金黄色，捞出摆盘，用手将鱼捏松。
4. 锅留底油烧热，放入葱花、姜蒜末爆香，倒入味汁，烧至汁稠起泡，浇到鱼上即可。

做法支招：鲤鱼鱼腹两侧各有一条同细线一样的白筋，去掉可以除腥味。

鲤鱼白菜粥

主料 鲤鱼1条(约750克)，白菜200克，粳米100克。

调料 葱花、姜末、盐、料酒各适量。

做法

1. 鲤鱼宰杀洗净;白菜洗净，切丝;粳米淘洗干净。
2. 锅置火上，加水烧开，放入鲤鱼，加葱花、姜末、料酒、盐煮至极烂，用汤筛过滤去刺，留汤。
3. 鲤鱼汤中倒入粳米、白菜丝，加入适量水，改小火煮至粳米开花、白菜烂熟即可。

做法支招：腐烂的大白菜不能吃，因为在细菌的作用下,大白菜中的硝酸盐会转变为有毒的亚硝酸盐。

酥鲫鱼

主料 鲫鱼500克。

调料 蒜瓣、八角茴香、花椒、葱段、姜丝、干椒丝、酱油、白糖、料酒、醋各适量。

做法

1. 鲫鱼宰杀洗净，在鱼身两侧斜剞几刀。
2. 锅内放入蒜瓣、葱段，铺平，放上鲫鱼，加入花椒、八角茴香、酱油、白糖、醋、料酒、姜丝、干椒丝和适量水，中火炖4小时即可。

营养小典：此菜补精填髓，增强体力。

豆瓣鲫鱼

主料 鲫鱼500克。

调料 葱花、姜丝、辣豆瓣酱、泡椒碎、淀粉、料酒、醋、白糖、盐、食用油各适量。

做法

1. 鲫鱼宰杀洗净，在鱼身内外抹上盐稍腌片刻，拍匀淀粉。
2. 锅中倒油烧热，撒少许盐，放入鲫鱼，小火煎至鱼身呈黄色，翻面煎至同样上色，盛出沥油。
3. 锅留底油烧热，放入姜丝煸香，放入辣豆瓣酱、泡椒碎炒香，加入适量水、盐、白糖、醋、少许料酒煮开，放入煎好的鱼，煮几分钟后起锅装盘，撒葱花即可。

做法支招：煎鱼前向锅里撒盐，鱼皮不易破。

生炒鲫鱼

主料 鲫鱼500克，熟冬笋片50克，鸡蛋清30克。

主料 葱花、盐、味精、酱油、白糖、醋、鲜汤、水淀粉、食用油各适量

做法

1. 鲫鱼宰杀洗净，剔肉，切片，加盐、鸡蛋清、水淀粉抓匀上浆。
2. 锅中倒油烧热，放入鱼片滑油至熟，盛出。
3. 锅留底油烧热，放入熟冬笋片、葱花炒香，加入少许鲜汤，用盐、味精、酱油、白糖、醋调味，大火烧沸，用水淀粉勾芡，倒入鱼片炒匀即可。

做法支招：鲫鱼要鲜活，鱼片要带皮且适当厚些。

酸菜鲫鱼汤

主料 鲫鱼500克，酸菜150克。

调料 葱段、姜丝、鸡精、盐、食用油各适量。

做法

1. 鲫鱼宰杀洗净；酸菜淘洗几遍，切段。
2. 锅内倒油烧热，放入鲫鱼稍煎，加入酸菜、葱段、姜丝和适量水，大火烧开，改小火煮20分钟，加入盐、鸡精，调匀即可。

做法支招：怕酸菜过咸的话，可以用沸水焯一下，去掉咸味。

豆腐鲫鱼

主料 鲫鱼500克，豆腐200克，水发木耳20克。

调料 食用油、辣豆瓣酱、葱花、姜蒜片、酱油、精盐、味精、甜面酱、水淀粉各适量。

做法

1. 鲫鱼宰杀洗净，在鱼身两侧各剞斜刀，撒上精盐，腌渍入味；豆腐切块，放入沸水锅煮5分钟，捞出沥干；水发木耳洗净，撕成小朵。
2. 炒锅倒油烧熟，放入鲫鱼稍煎，将鱼推至一边，下入辣豆瓣酱炒香，加入姜蒜片炒匀，加入适量水烧沸，放入豆腐块、木耳，小火烧10分钟，放入甜面酱、酱油，烧煮3分钟，撒入味精、葱花，倒在汤碗内即成。

做法支招：豆腐炖鲫鱼要小火慢炖，不要大火。

鲫鱼炖鸡蛋

主料 鲫鱼500克，鸡蛋2个。

调料 姜丝、葱花、香油、料酒、盐各适量。

做法

1. 鲫鱼宰杀洗净，在鱼身两侧各剞斜刀，抹上盐、料酒，腌渍30分钟；鸡蛋磕入碗中打散，加适量水、香油、盐调匀。
2. 鲫鱼放入蛋液内，撒上姜丝，上蒸锅蒸15分钟，出锅后撒上葱花，淋上香油即可。

营养小典：鲫鱼与滋阴润燥、养血息风的鸡蛋共制成菜，具有生精养血、补益脏腑的功效。

鲫鱼姜仁汤

主料 鲫鱼500克，春砂仁5克。

调料 姜丝、香油、鸡精、盐各适量。

做法

1. 鲫鱼宰杀洗净，在鱼身两侧各剞斜刀；春砂仁洗净，沥干，研成末，放入鱼肚中。
2. 将鲫鱼放入炖盅里，放入姜丝，盖上盅盖，隔水炖2小时，加香油、盐、鸡精调味，稍炖片刻即可。

营养小典：此汤滋阴润燥，补精填髓。

鲫鱼汤丸子

主料 五花肉末300克，木耳菜叶30克，鸡蛋清30克。

调料 葱花、姜末、鲫鱼高汤、鸡精、盐、水淀粉各适量。

做法

1. 五花肉末加盐、鸡精、鸡蛋清、水淀粉、葱花、姜末搅拌均匀，分次加入清水，制成馅料；木耳菜叶洗净。
2. 锅内倒入鲫鱼高汤烧开，将五花肉馅挤成丸子，放入锅中烧至浮起，加入木耳菜叶，加盐、鸡精调味，装碗即可。

做法支招：搅拌肉馅时应沿一个方向，充分搅拌上劲，使肉馅口感更佳。

南百红豆

主料 南瓜200克，百合、红腰豆各100克。

调料 白糖、水淀粉、料酒、盐、味精、食用油各适量。

做法

1. 南瓜去皮，切丁；百合洗净，掰瓣；红腰豆洗净，浸泡6小时。
2. 锅中倒油烧至六成热，放入南瓜丁、百合片、红腰豆过油后捞出。
3. 炒锅倒油烧热，放入南瓜丁、百合片、红腰豆翻炒均匀，加白糖、料酒、盐、味精炒匀，用水淀粉勾芡即可。

做法支招：要将南瓜丁的大小切得和红腰豆差不多，这样可以避免南瓜丁或者红腰豆半生不熟。

五仁蒸南瓜

主料 南瓜400克，黑芝麻、白芝麻、榛仁、核桃仁、松仁各30克。

调料 白糖、水淀粉、清汤、盐、食用油各适量。

做法

1. 南瓜去皮，洗净切块，摆在盘中，将五仁撒在南瓜上，入蒸锅蒸熟，取出。
2. 锅中倒油烧热，加清汤、白糖、盐烧开，用水淀粉勾芡，淋在南瓜上即成。

营养小典：南瓜性温，味甘无毒，入脾、胃二经，能润肺益气，化痰排脓，驱虫解毒，治咳止喘，疗肺痈便秘，并有利尿、美容等作用。

双红南瓜汤

主料 南瓜500克，大枣10克。

调料 红糖适量。

做法

1. 南瓜去皮挖瓤，洗净，切成块；大枣洗净，用刀背拍开，去核。
2. 将南瓜、大枣、红糖一起放入砂锅中，加适量水，用小火熬至南瓜烂熟即可。

营养小典：此汤调经补气，红润面色，还能增加皮肤弹性。

南瓜糯米饼

主料　南瓜、糯米粉各500克，面包糠、豆沙馅各200克

调料　白糖、猪板油、食用油、澄粉各适量。

做法

1. 南瓜去皮去瓤，切块，入锅蒸熟，压成泥。
2. 澄粉用开水烫熟，加入糯米粉、白糖、猪板油，搅匀后加入南瓜泥，和成南瓜面团。
3. 南瓜面团下剂，包入豆沙馅，蘸上面包糠，入热油锅内炸至呈金黄色即可。

做法支招：南瓜一定要彻底蒸透，否则不容易搅成没固体的糊糊状。

五彩盅

主料　冬瓜200克，火腿、胡萝卜、蘑菇、冬笋尖各25克。

调料　鸡汤、香油、盐各适量。

做法

1. 冬瓜洗净，去皮，切丁；胡萝卜去皮洗净，切碎；蘑菇、冬笋尖均洗净，切碎；火腿切成碎末。
2. 将准备好的原料一起放到炖盅里，加盐搅拌均匀，浇上鸡汤、香油，隔水炖至冬瓜酥烂即可。

营养小典：该菜除了含有丰富的蛋白质、维生素和微量元素，还含有人体必需的8种氨基酸，是很好的营养食品。

排骨炖冬瓜

主料　猪排骨250克，冬瓜150克。

调料　葱花、姜片、料酒、鸡精、盐各适量。

做法

1. 排骨洗净，剁成块，放入沸水锅汆烫片刻，捞出沥干；冬瓜洗净，切大块。
2. 排骨块放入砂锅中，加适量水，加入姜片、料酒，大火烧开，改小火煲至排骨八成熟，倒入冬瓜块，煮熟，加入盐、鸡精拌匀，撒葱花即可。

做法支招：冬瓜易熟，所以不能放得过早，以免煮得过烂。

豆瓣黄鱼

主料 黄鱼400克，冬瓜100克。

调料 葱花、姜末、料酒、辣豆瓣酱、清汤、盐、味精、食用油各适量。

做法

1. 黄鱼宰杀洗净，在鱼身两侧剞斜刀纹，用盐稍腌；冬瓜去皮去瓤，洗净，切丁。
2. 炒锅上火，倒油烧至四成热，放入葱花、姜末、辣豆瓣酱煸香，加入清汤、料酒、盐烧开，下入黄鱼，中火烧至黄鱼六成熟，加入冬瓜丁，煨烧至汤汁收浓，加味精调味即可。

营养小典：黄鱼含有丰富的微量元素硒，能清除人体代谢产生的自由基，能延缓衰老，并对各种癌症有防治功效。

鱼头木耳冬瓜汤

主料 草鱼头500克，冬瓜100克，水发木耳、油菜各50克。

调料 葱段、姜片、料酒、白糖、胡椒粉、鸡精、盐、食用油各适量。

做法

1. 草鱼头洗净，抹上盐腌制10分钟；水发木耳洗净，撕小朵；油菜洗净，切段；冬瓜洗净，切片。
2. 锅中倒油烧热，将鱼头沿着锅边放入，煎至两面发黄，烹入料酒，加盖略焖，放入葱段、姜片、白糖、盐和适量水，大火烧沸，盖上锅盖，小火炖20分钟，加入冬瓜、木耳、油菜，大火烧开，加入鸡精、胡椒粉，搅拌均匀即可。

饮食宜忌：脾胃虚弱、手脚冰冷的人不宜食冬瓜。

干茄子焖鸡片

主料 鸡脯肉200克，水发干茄子150克，红椒、青椒各10克。

调料 清汤、盐、辣豆豉酱、味精、淀粉、生抽、姜片、食用油各适量。

做法

1. 水发干茄子泡发洗净；青椒、红椒均洗净，切片；鸡脯肉洗净，切片，加盐、淀粉拌匀腌制20分钟。
2. 锅中倒油烧热，放入姜片、辣豆豉酱、干茄子炒香，加适量清汤，改小火焖至茄子松软，放入鸡片、青椒、红椒，加盐、味精、生抽调味，翻炒均匀即可。

做法支招：干茄子用温水泡发易入味，且韧劲足。

小炒茄子

主料 茄子400克，红椒10克。

调料 蒜末、辣椒酱、醋、鸡精、白糖、盐、食用油各适量。

做法

1. 红椒洗净，切丁；将茄子洗净，切片。
2. 锅中倒油烧至六成热，放入茄子过油，捞出沥油。
3. 锅留底油烧热，放入红椒丁、蒜末、辣椒酱炒香，放入茄子炒匀，加入盐、鸡精、醋、白糖调味即可。

做法支招：茄子如果切开后内心是黑色的则不能食用。

辣烧茄子

主料 茄子300克，美人椒50克。

调料 蒜末、醋、鸡精、白糖、盐、高汤、食用油各适量。

做法

1. 美人椒洗净，切圈；茄子去皮洗净，切成长条。
2. 锅中倒油烧热，放入美人椒丁、蒜末炒香，倒入茄子炒至茄子变软，倒入高汤，烧至汤汁将干，加入盐、鸡精、醋、白糖，翻炒至入味即可。

营养小典：此菜健脾开胃，增强食欲。

五彩茄子

主料 茄子300克，猪里脊肉、红椒各50克。

调料 葱花、蒜末、香菜末、酱油、生抽、水淀粉、白糖、盐、食用油各适量。

做法

1. 茄子去皮洗净，切条，红椒洗净切末。
2. 猪里脊肉洗净，切丝，用酱油、生抽、水淀粉腌制10分钟。
3. 茄子用食用油拌匀，放盘中，入沸水锅蒸3分钟，取出，加入酱油、白糖、盐、水淀粉混合均匀，在茄条上摆上肉丝、红椒粒、香菜末、蒜末、葱花，再放入沸水锅蒸5分钟即可。

做法支招：茄子也可清蒸，蒸好蘸酱油食用，美味又健康。

剁椒粉丝蒸茄子

主料 茄子200克，粉丝50克，干香菇、海米各10克。

调料 葱花、蒜蓉、剁椒、蚝油、香油、盐各适量。

做法

1. 粉丝用开水泡软，沥水，铺在碗底；干香菇、海米均泡发好，切丁；茄子去皮，切长条。
2. 将茄子排在粉丝上，放上香菇丁和海米粒，再放上剁椒和蒜蓉，放入蚝油、香油、盐，放入蒸锅，大火蒸5分钟，盛出撒葱花即可。

营养小典：茄子在红烧或煎炒的时候很容易吸油，所以不知不觉总会摄入过多的油脂，但是这个做法却不用担心。

红烧肉焖茄子

主料 五花肉、茄子各300克。

调料 蒜瓣、干辣椒段、姜片、八角茴香、桂皮、酱油、白糖、盐、腐乳汁、食用油各适量。

做法

1. 茄子洗净，切长条；五花肉洗净，切大块，放入沸水锅汆烫2分钟，捞出沥干。
2. 锅中倒油烧热，放入五花肉煸炒5分钟，放入腐乳汁、酱油、白糖炒至上色，倒入开水，小火炖肉，同时放八角茴香、干辣椒段、姜片、蒜瓣、桂皮，炖至肉熟，加入茄子，继续炖1小时，加盐调味即可。

做法支招：也可以炒后将五花肉倒入砂锅中，用砂锅煲熟。

炸芝麻里脊

主料 猪里脊肉250克，芝麻20克，鸡蛋清50克。

调料 水淀粉、料酒、酱油、鸡精、盐、食用油各适量。

做法

1. 里脊肉洗净，切成大片，放入碗中，加盐、鸡精、料酒、酱油腌渍入味。
2. 另取一只碗，放入鸡蛋清、水淀粉，搅匀成糊。
3. 锅内倒油烧至五成热，将肉逐片挂上蛋糊，再滚满芝麻，放入油中炸透捞出。
4. 待油温升高到九成热时，再倒入肉片，炸至呈金黄色时捞出，改刀装盘即可。

营养小典：这道炸芝麻里脊外酥里嫩，入口即化。具有润发柔肤、补充气血的功效。

芝麻肝

主料 猪肝250克，鸡蛋1个，芝麻、面粉各20克。

调料 葱末、姜末、花椒盐、精盐、食用油各适量。

做法

1. 猪肝洗净，切片，用精盐、葱末、姜末腌渍15分钟，裹匀面粉、鸡蛋液和芝麻。
2. 锅中倒油烧至七成热，放入猪肝炸透，出锅装盘，佐花椒盐食用即可。

做法支招：要按面粉、鸡蛋、芝麻先后顺序分别粘匀，炸时油温不能太高，以免把芝麻炸糊。

笋香芝麻鸭

主料 鸭肉300克，鸡蛋1个，熟冬笋丝、火腿丝、黑芝麻各20克。

调料 葱段、姜块、料酒、花椒、椒盐、淀粉、盐、食用油各适量。

做法

1. 鸭肉洗净，切大块，加盐、葱段、姜块、料酒、花椒腌制30分钟；鸡蛋磕入碗中打散，加淀粉搅匀成鸡蛋糊。
2. 将鸭肉块裹匀鸡蛋糊，撒上冬笋丝、火腿丝，再裹一层鸡蛋糊，撒上黑芝麻。
3. 锅中倒油烧热，将鸭块下锅炸至金黄色，倒出沥油，装盘，撒椒盐即成。

营养小典：此菜滋补养胃、止咳化痰。

芝麻鱼条

主料 鳜鱼1条(约500克)，鸡蛋2个，芝麻、面粉各50克。

调料 葱段、姜片、料酒、胡椒粉、味精，盐、食用油各适量。

做法

1. 鳜鱼宰杀洗净，去骨去刺，取肉，切成条，加盐、味精、葱段、姜片、胡椒粉、料酒腌制25分钟；鸡蛋磕入碗中，加面粉调匀。
2. 将腌制入味的鱼条裹匀鸡蛋面糊，蘸匀芝麻。
3. 锅中倒油烧至八成热，放入鱼条炸熟即可。

做法支招：要将鱼骨剔除干净。

芝麻章鱼

主料 章鱼400克，芝麻、面粉各50克，鸡蛋2个。

调料 葱段、姜片、香油、味精、盐、料酒、食用油各适量。

做法

1. 章鱼洗净，加入味精、盐、香油、料酒、葱段、姜片拌匀腌渍25分钟；鸡蛋磕入碗中打散。
2. 将章鱼蘸匀面粉，裹匀鸡蛋液，再沾上芝麻。
3. 锅内倒油烧至五成热，放入章鱼，炸成金黄色即可。

营养小典：芝麻含有多种营养物质，还具有顺滑发质的功效。

芝麻粥

主料 芝麻30克，粳米100克。

做法

1. 将芝麻炒熟，研成末；粳米淘洗干净。
2. 锅中倒入适量水，放入粳米、芝麻末煮至粥成即可。

营养小典：此粥补肾益气，对降血糖具有很好的疗效。

芝麻米粥

主料 糯米100克，芝麻、核桃各25克。

做法

1. 糯米淘洗干净，用水浸泡1小时；核桃切碎。
2. 锅置火上，倒入芝麻、核桃，一起炒熟，盛出凉凉，捣成粉。
3. 糯米放入锅中，加适量水大火煮沸，加入芝麻核桃粉，小火煮1小时即可。

营养小典：芝麻中脂肪的主要成分是油酸、亚油酸及亚麻酸，都属于不饱和脂肪酸。

淮山芝麻粥

主料 粳米、淮山药各100克，黑芝麻20克，鲜牛奶200毫升。

调料 冰糖、玫瑰糖各适量。

做法

1. 粳米洗净，用水浸泡1小时，捞出沥干；淮山药洗净，切丁。
2. 将粳米、淮山药、黑芝麻同放盆中，加水、鲜牛奶拌匀，磨碎后滤出细蓉。
3. 锅中倒入适量水，放入冰糖煮至溶化，倒入粳米山药芝麻浆汁，加入玫瑰糖，搅拌成糊即可。

做法支招：新鲜玫瑰花瓣淘洗干净，加糖拌匀，装入消毒过的玻璃瓶中密封，3日后即成玫瑰糖。

芝麻消食脆饼

主料 鸡内金20克，面粉300克，芝麻30克。

调料 盐、食用油各适量。

做法

1. 鸡内金洗净晒干或用小火焙干，研末。
2. 将鸡内金粉与面粉、盐、芝麻一起和面，擀成薄饼坯。
3. 平底锅倒油烧热，放入薄饼坯烙熟，小火烤脆，盛出切条即可。

营养小典：此品具有健脾益气的功效，用于食欲不振、消化不良。

双色芝麻饼

主料 熟白芝麻、熟黑芝麻各100克。

调料 白糖、食用油各适量。

做法

1. 锅中倒油烧热，倒入白糖加热至完全溶化，将糖浆分别倒入白芝麻、黑芝麻中，用擀面杖将芝麻团擀成薄片。
2. 将黑芝麻片放在白芝麻片的上面，并在其冷却之前卷成芝麻卷，用竹垫将芝麻卷卷结实，切段即可。

做法支招：芝麻片一定要趁热卷起来，待硬了就不好卷了。

蒜炒西葫芦

主料 西葫芦300克。

调料 蒜末、盐、鸡精、醋、白糖、食用油各适量。

做法

1. 西葫芦洗净，切片。
2. 锅内倒油烧至八成热，放入蒜末炒香，倒入西葫芦翻炒均匀，加入少许水、盐、鸡精、醋、白糖翻炒，待汤汁滚开即可。

营养小典：西葫芦含有一种干扰素的诱生剂，可刺激机体产生干扰素，提高免疫力，发挥抗病毒和肿瘤的作用。

蒜香蒸茄

主料 茄子300克。

调料 蒜末、盐、香油各适量。

做法

1. 茄子洗净切块。
2. 茄子放入碗中，上面铺蒜泥，淋上香油，加盐拌匀，放入蒸锅蒸30分钟即可。

营养小典：茄子含有蛋白质、脂肪、糖类、维生素以及钙、磷、铁等多种营养成分，特别是维生素PP的含量很高，能有效防止多种疾病。

蒜泥白肉

主料 猪后腿肉200克。

调料 蒜末、葱段、白糖、姜片、酱油、盐、香醋、鸡精、辣椒油各适量。

做法

1. 猪后腿肉洗净，放冷水锅内，加入姜片、葱段，大火烧开，转小火煮熟。
2. 将猪肉捞出过凉水，沥干后切成薄片，摆盘。
3. 蒜末加酱油、白糖、香醋、鸡精、盐、辣椒油，调成味汁，吃的时候用调味汁蘸肉片即可。

做法支招：在购买的时候注意买具有光泽且按压时具有弹性的新鲜肉。

蒜苗腊肉

主料 腊肉300克，青蒜、红尖椒各30克。

调料 料酒、白糖、香油、味精、食用油各适量。

做法

❶ 将整块腊肉放入锅中蒸20分钟，取出切成薄片；青蒜洗净，切斜段；红尖椒去子洗净，切片。

❷ 锅中倒油烧热，放入青蒜、红尖椒炒匀，放入腊肉、味精、白糖、料酒和适量水，大火快速翻炒均匀，淋香油即可。

做法支招：腊肉煮一下的话可以去掉里面一些盐分。

甜豆牛柳

主料 牛柳300克，甜豆200克。

调料 蒜蓉酱、米酒、黑胡椒酱、酱油、淀粉、食用油各适量。

做法

❶ 牛柳洗净，切段，加入黑胡椒酱腌制20分钟；甜豆掐去两头，洗净，放入沸水锅焯烫片刻，捞出沥干。

❷ 炒锅倒油烧热，加入蒜蓉酱、牛柳、甜豆翻炒均匀，放入所有调味料炒至牛肉熟即可。

营养小典：此菜可增强体力，补钙健骨。

蒜烧牛腩

主料 牛腩400克，蒜瓣100克。

调料 白糖、酱油、料酒、胡椒粉、水淀粉、盐、鸡精、食用油各适量。

做法

❶ 牛腩洗净，切块，加盐、水淀粉拌匀上浆。

❷ 炒锅倒油烧热，放入牛腩块煸至八成熟，捞出沥油。

❸ 锅留底油烧热，放入蒜瓣小火炸透，放入牛腩翻炒均匀，加入料酒、盐、鸡精、酱油、白糖、胡椒粉炒匀，用水淀粉勾芡即可。

做法支招：炸蒜瓣的时候注意不要用大火，否则很容易炸煳。

附录1  常见食物营养黄金组合 

营养黄金组合

白菜+牛肉=健脾开胃

白菜与牛肉同食，具有健脾开胃的功效，特别适宜虚弱病人经常食用。

白菜+豆腐=治疗咽喉肿痛

白菜与豆腐同食，具有清肺热的功效，适宜咽喉肿痛者食用。

营养黄金组合

油菜+豆腐=清肺止咳

油菜与豆腐同食，有清肺止咳、清热解毒的功效。

油菜+蘑菇=促进代谢

油菜与蘑菇同食，能促进肠道代谢，减少脂肪在体内的堆积。

菠菜

营养黄金组合

菠菜+猪肝=补血养颜

猪肝与菠菜同食，是防治贫血的食疗良方。

菠菜十鸡血=养肝护肝

菠菜营养齐全，蛋白质、糖类等含量丰富。加上鸡血也含多种营养成分，并可净化血液、保护肝脏。两种食物同吃，既养肝又护肝。

营养黄金组合

白萝卜+豆腐=助消化

豆腐属于豆制品，过量食用会导致腹痛、腹胀、消化不良。萝卜有很强的助消化作用，和豆腐同时食用有助于消化和营养物质的吸收。

白萝卜+羊肉=养阴补益

白萝卜与羊肉同食，有养阴补益、开胃健脾的功效。

营养黄金组合

黄瓜+番茄=健美抗衰老

黄瓜与番茄同食，能满足人体对各种维生素的最大需要，具有一定的健美和抗衰老作用。

黄瓜+泥鳅=滋补养颜

黄瓜与泥鳅同食，有滋补养颜的功效。

营养黄金组合

南瓜+猪肉=增加营养

南瓜具有降血糖的作用，猪肉有较好的滋补作用，同时食用对身体更加有益。

南瓜+绿豆=清热解毒

南瓜与绿豆都具有降低血糖的作用，同时食用还可起到清热解毒的作用。

营养黄金组合

玉米+鸡蛋=防胆固醇过高

玉米与鸡蛋同食，可预防胆固醇过高。

玉米+豆腐=增强营养

玉米中硫氨酸含量丰富，豆腐富含赖氨酸和丝氨酸，两者同时食用可提高营养吸收率。

营养黄金组合

胡萝卜+羊肉+山药=补脾胃

胡萝卜与羊肉、山药同食，有补脾胃、养肺润肠的功效。

胡萝卜+菠菜=降低中风危险

胡萝卜与菠菜同时食用，可明显降低脑卒中危险。

茄子

营养黄金组合

茄子+青椒=清火祛毒

茄子与青椒同食，有清火祛毒的作用。

茄子+豆腐=增强营养

茄子与豆腐同食，有助于营养素被身体吸收。

营养黄金组合

竹笋+鸡肉=益气补精

竹笋性甘，鸡肉性温，二者同食具有暖胃、益气、补精的功效。

竹笋+粳米=润肠排毒

竹笋与粳米煮成粥同食，有利于促进代谢，润肠排毒。

营养黄金组合

辣椒+鳝鱼=降低血糖

辣椒和鳝鱼同时食用能起到降血糖的效果。

辣椒+苦瓜=增加营养

辣椒中富含维生素C，苦瓜中含有多种生物活性物质，同食营养更全面，还可美容养颜。

营养黄金组合

香菇+鸡肉=增强免疫力

香菇可以增强人体的免疫功能并有防癌作用，鸡汤本身也有提高免疫力的功能，可谓双效合一。

香菇+豆腐=美味营养

香菇对心脏病患者有益，豆腐营养丰富，两者同吃有利健康。

营养黄金组合

口蘑+草菇+平菇=滋补抗癌

草菇能增强机体抗病能力。平菇能增强人体免疫力、抑制细胞病毒。三者同食具有滋补、降压、降脂、抗癌的功效。

口蘑+冬瓜=降低血压

口蘑与冬瓜同食，有降血压的功效。

营养黄金组合

豆腐+鱼=营养价值高

豆腐中的蛋氨酸含量较少，而鱼肉中蛋氨酸的含量则非常丰富。两者同食，可提高营养价值。

豆腐+番茄=健美抗衰老

豆腐与萝卜同食，满足人体对各种维生素的最大需要，具有一定的健美和抗衰老作用。

营养黄金组合

排骨+西洋参=滋养生津

排骨含有丰富的营养物质，西洋参具有补气提神、消除疲劳的功效，两者同食可滋养生津。

排骨+洋葱=抗衰老

排骨与洋葱同食，有降脂、抗衰老的功效。

营养黄金组合

猪蹄+章鱼=加强补益作用

猪蹄含有大量的胶原蛋白，和章鱼搭配食用，可加强补益作用。

猪蹄+木瓜=丰胸养颜

猪蹄含有丰富的胶原蛋白，木瓜中的木瓜酶有丰胸效果，两者同食，有丰胸养颜的效果。

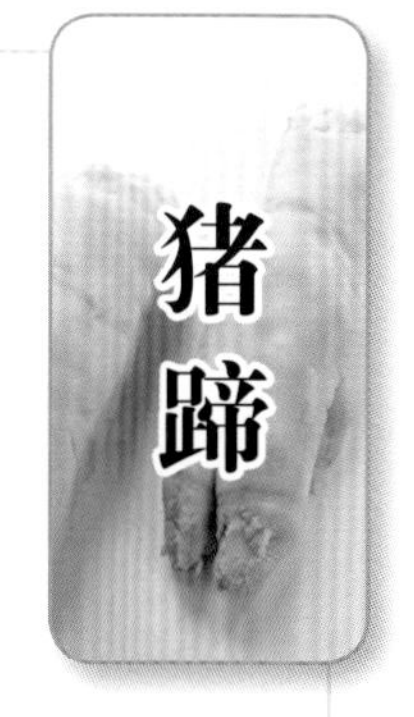

营养黄金组合

猪腰+豆芽=滋肾润燥

猪腰和豆芽同食，可以滋肾润燥，益气生津。

猪腰+竹笋=补肾利尿

猪腰与竹笋同食，具有滋补肾脏和利尿的功效。

营养黄金组合

猪肚+银杏+腐竹=健脾开胃

猪肚与银杏、腐竹同食，有滋阴补肾、祛湿消肿的功效。

猪肚+胡萝卜+黄芪+山药=补虚养颜

猪肚、黄芪有补脾益气的作用，与健胃的山药、胡萝卜同食，可增加营养、补虚弱，丰满肌肉。

营养黄金组合

牛肉+土豆=保护胃黏膜

牛肉纤维粗，有时会影响胃黏膜。土豆含有丰富的叶酸，起着保护胃黏膜的作用。

牛肉+牛蒡=改善便秘

两者搭配食用能刺激胃肠蠕动，改善便秘。

营养黄金组合

兔肉+大枣=红润肌肤

兔肉与大枣同食，有补血养颜、红润肌肤的功效。

兔肉+葱=降脂美容

兔肉与葱同食，味道鲜美，还有降血脂，美容的功效。

营养黄金组合

鲤鱼+当归+黄芪=生乳

当归、黄芪补益气血，鲤鱼补脾健胃，同食大有生乳之效，用于产后气血虚亏、乳汁不足。

鲤鱼+醋=除湿去腥

鲤鱼和醋都有除湿、消肿的作用，同时食用除湿效果更佳。

营养黄金组合

鹌鹑蛋+人参=益气助阳

鹌鹑蛋与人参同食，有益气助阳的功效。

附录2  常见富含钙、铁、锌的食物 

钙含量丰富的食物

（以100克可食部计算）

食物名称	含量（毫克）	食物名称	含量（毫克）
石螺	2458	白芝麻	620
牛乳粉	1797	鲮鱼（罐头）	598
芝麻酱	1170	奶豆腐	597
田螺	1030	虾米（海米）	555
豆腐干	1019	脱水菠菜	411
虾皮	991	草虾、白米虾	403
榛子（炒）	815	羊奶酪	363
黑芝麻	780	芸豆（杂、带皮）	349
奶酪干	730	海带（干）	348
虾脑酱	667	河虾	325
荠菜	656	千张	319

资料来源：杨月欣.营养配餐和膳食评价实用指导.人民卫生出版社

铁含量丰富的食物

（以100克可食部计算）

食物名称	含量（毫克）	食物名称	含量（毫克）
苔菜（干）	283.7	羊肚菌	30.7
珍珠白蘑（干）	189.8	南瓜粉	27.8
木耳	97.4	河蚌	26.6
蛏干	88.8	榛蘑	25.1
松蘑（干）	86.0	鸡血	25.0
姜（干）	85.0	墨鱼干	23.9
紫菜（干）	54.9	黑芝麻	23.7
芝麻酱	50.3	猪肝	23.6
鸭肝	50.1	田螺	19.7
桑葚	42.5	扁豆	19.2
青稞	40.7	羊血	18.3
鸭血	35.7	藕粉	17.9
蛏子	33.6	芥菜	17.2

资料来源：杨月欣.营养配餐和膳食评价实用指导.人民卫生出版社

锌含量丰富的食物

（以100克可食部计算）

食物名称	含量（毫克）	食物名称	含量（毫克）
生蚝	71.20	牛肉干	7.35
小麦胚芽	23.40	酱牛肉	7.26
蕨菜	18.11	南瓜子（炒）	7.12
蛏干	13.63	奶酪	7.12
山核桃	12.59	牛肉（里脊）	6.92
羊肚菌	12.11	鸭肝	6.91
扇贝（鲜）	11.69	贻贝（干）	6.71
鱿鱼	11.24	山核桃（干）	6.42
山羊肉	10.42	中国鳖	6.30
糍粑	9.55	河蚌	6.23
牡蛎	9.39	松蘑	6.22
火鸡腿	9.26	蚕蛹	6.17
口蘑	9.04	桑葚（干）	6.15
松子	9.02	黑芝麻	6.13
香菇（干）	8.57	羊肉（瘦）	6.06
羊肉（冻）	7.67	葵花子（生）	6.03
乌梅	7.65	猪肝	5.83

资料来源：杨月欣.营养配餐和膳食评价实用指导.人民卫生出版社

图书在版编目（CIP）数据

精选健康四季滋补餐1188 / 谢进编著. -- 北京 ：中国人口出版社，2014.1

ISBN 978-7-5101-2221-7

Ⅰ. ①精… Ⅱ. ①谢… Ⅲ. ①保健－菜谱 Ⅳ. ①TS972.161

中国版本图书馆CIP数据核字(2013)第306406号

精选健康四季滋补餐1188

谢 进 编著

出版发行	中国人口出版社
印　　刷	北京博艺印刷包装有限公司
开　　本	720毫米×1000毫米 1/16
印　　张	11
字　　数	160千
版　　次	2014年1月第1版
印　　次	2014年1月第1次印刷
书　　号	ISBN 978-7-5101-2221-7
定　　价	19.80元

社　　长	陶庆军
网　　址	www.rkcbs.net
电子信箱	rkcbs@126.com
总编室电话	(010) 83519392
发行部电话	(010) 83534662
传　　真	(010) 83515992
地　　址	北京市西城区广安门南街80号中加大厦
邮政编码	100054